PRACTICAL MANUAL FOR
SOFT DECORATION
DESIGN

软装设计

实用手册　　汪莉————著

江苏凤凰科学技术出版社·南京

图书在版编目（CIP）数据

软装设计实用手册 / 汪莉著. -- 南京 ：江苏凤凰
科学技术出版社，2024.1
ISBN 978-7-5713-3796-4

Ⅰ．①软… Ⅱ．①汪… Ⅲ．①室内装饰设计－手册
Ⅳ．①TU238.2-62

中国国家版本馆CIP数据核字(2023)第189489号

软装设计实用手册

著　　　者	汪　莉
项 目 策 划	凤凰空间／代文超
责 任 编 辑	赵　研　刘屹立
特 约 编 辑	代文超

出 版 发 行	江苏凤凰科学技术出版社
出版社地址	南京市湖南路1号A楼，邮编：210009
出版社网址	http://www.pspress.cn
总 经 销	天津凤凰空间文化传媒有限公司
总经销网址	http://www.ifengspace.cn
印　　　刷	北京博海升彩色印刷有限公司

开　　　本	889 mm×1 194 mm　1／16
印　　　张	12
插　　　页	4
字　　　数	192 000
版　　　次	2024年1月第1版
印　　　次	2024年1月第1次印刷

标 准 书 号	ISBN　978-7-5713-3796-4
定　　　价	188.00元（精）

序一

在物质和技术高度发达的今天，人们对感情慰藉的需求反而越来越强烈。这就对软装——离人最近的环境要素提出了更高的设计要求。然而，对于一些非专业的人士来说，软装设计是一项很有挑战性的工作，需要深厚的专业知识和丰富的经验，不然可能一时不知道该如何入手。

这本《软装设计实用手册》是以实用为特点的操作手册。本书的一大亮点是把理论知识融入实践之中，以丰富的实例让我们更加容易理解软装设计的各个方面。无论是色彩搭配、家具选择、灯具摆放，还是装饰画、窗帘、地毯以及花艺绿植的选配，这本书都提供了具体的指导方法。读者可以轻松掌握软装设计的技巧。即使对于专业设计师和美学爱好者来说，这本书也值得一读。

本书的另一大亮点是整体化的逻辑思维和系统化的搭配手法。它并不仅仅是一本提供软装设计技巧的指南，而是将软装设计各个方面融为一体，形成一个完整的设计思路和系统。读者可以很好地理解软装设计的基本原则、操作步骤以及背后的原理，更能够进行系统化的设计。这种思维方式不仅可以帮助读者更好地进行软装设计，还可以提高其整体化思维的能力。

总之，《软装设计实用手册》是一本非常有趣、易于理解的书。它为读者提供了实用的软装设计方法，不管是专业设计师还是普通业主，都可以从中受益，让其深刻地理解软装设计的本质，也让其更好地掌握软装设计的前沿趋势。我相信，这本书将会成为近年来软装设计领域的经典之作。

北京工业大学建筑与城市规划学院副教授　李华东

2023 年 11 月于北京

序二

当下，大众文化伴随着中国城市化进程而崛起，软装更是涉及消费、体验、符号、价值观与生活方式等多种文化意涵，已经不再是一个单纯的室内设计领域，而成了一种文化现象和社会现象。一方面，所处的环境和周围的物品都会影响我们的想法和行为，软装设计不仅仅是塑造美观的外表，还可以塑造我们的价值观和行为方式，这也是为何软装设计具有如此重要的文化意义。

另一方面，如法国哲学家让·鲍德里亚所言，软装设计是消费文化的一个重要组成部分，人们以此来表达自己的身份、品位和价值观，同时获得社会地位和认同感。正因如此，软装设计所使用的家具、装饰品等都具有符号性和象征意义，它们不仅仅是实用的物品，更是一种消费理念和身份认同的象征。借用美国学者特里·尼科尔斯·克拉克的场景理论，软装的文化风格和美学特征亦可通过原真性、戏剧性、合法性等多重角度进行分析，从而获得诸如开放或保守、愉悦或沉闷的价值取向。那么，我们如何营造独特的空间氛围和个性化的家居风格，从而满足对于身份认同和自我表达的需求？

伴随着学科细分，软装设计涉及家具、灯饰、窗帘、地毯、挂画、花艺、饰品、绿植等多个领域，纷繁复杂。《软装设计实用手册》以抽丝剥茧的系统分析、质朴实用的理论知识、丰富生动的实际案例，帮助读者巧妙地运用色彩、材料、家居配饰等元素，营造室内空间温馨舒适的氛围，从而表达所追求的生活方式和价值观念。无论是新手还是资深从业人员，都可以从本书中获得一些有益的经验和启示，为美好生活画上点睛之笔。

中央美术学院设计学博士、东京大学建筑学硕士　王　冲

2023 年 11 月于北京

前言

设计的艺术无处不在，尤其在这个美学意识和美学思想表达无处不在的时代，软装设计已成为专门的独立职业。对于家居软装而言，设计师将为此投入更多的精力来满足人们日益丰富的空间审美需求。实用、美观、个性化的软装设计作品能给人们带来舒适的体验和愉悦的心情，让其在家居空间中感受到自由与个性、归属与幸福。

现实生活中，软装设计不仅是专业软装设计师的工作范畴，甚至一个非专业的设计师或一名美学爱好者，也想打造一个理想的居住环境，而不管是前者还是后者都会存在困惑、疑问、彷徨或焦虑。了解硬装设计的基础知识，并结合空间的实际情况，改善格局的不足，搭配出合理的设计方案，仅仅如此是不够的，我们还需要运用软装设计元素来营造美的情境和艺术氛围。软装设计的七大元素——色彩、家具、灯具、装饰画、窗帘、地毯、花艺绿植——的搭配，无不体现着精妙的视觉感受与生活美学，需要拥有整体化的逻辑思维并掌握系统化的搭配手法，才能设计出一份令人心动的软装设计作品。本书的编写正是依循这个思路来展开的。

软装设计的魅力是无穷的，没有理论的分析和总结，我们就只能走马观花，变成案例的看客。为了阐述软装设计方方面面的理念，书中运用了大量实际落地的案例，特别绘制了丰富的插图，力求解决问题，给读者简明化的参考，将复杂的设计原理凝练为可操作和可落地的步骤和方法，将软装设计的基本原则和操作步骤及其背后的原理通俗易懂地展示出来。也许不会让你一下子成为一个软装设计高手，但至少能让你在家居色彩搭配、家具与灯具造型的选择以及软装产品的陈列、风格选配上，掌握更多的实操方法。即便是新手，也能在家居布置时，让设计更专业，落地的效果更好。

希望这本书能为室内设计师、软装设计师和众多软装爱好者提供帮助。最后我想说，设计不仅关乎我们物质世界的形式设计，还决定着每个人的生活，以及我们如何与周围的事物和谐相处。这都要求我们不断地去寻找，并给出自己的答案。

汪 莉

2023 年 11 月

目录

6 软装布艺的搭配 152

7 室内空间花艺绿植搭配 172

附录 187

致谢 192

1

软装流行风格的搭配要点

家居软装的风格按照不同的方式划分，有着不同的类别。

当我们想了解某一种风格时，要了解其背后的文化、人文思想等。

只是单纯地模仿颜色、堆砌元素，是远远不够的。当下的设计

风格越来越"去风格化"，不再拘泥于某一种风格，而是能够

兼收并蓄，以"舒适"和"个性"为空间的终极追求，更多地

表达人们的生活品位和对精神文化的需求。

1.1 法式风格

1.1.1 法式风格的文化背景

　　法国巴黎作为欧洲的艺术之都，其装饰风格多样化且具有代表性。法国人崇尚自由、浪漫、平等、博爱，法式软装风格延伸了法国人对美的追求，不仅要求其具有贵族气质，还要追求时尚与浪漫情调以及优雅舒适的氛围。

　　法式风格是个概括的名词，经过了古罗马、哥特、文艺复兴、巴洛克、洛可可、新古典主义等几种风格的发展更替。法式风格往往不求简单的协调，而是崇尚冲突之美，讲究与自然的融合，追求内在和色彩的联系。整体上体现恢宏大气、对称造型，并善于在雕琢细节上下功夫。法式风格的关键词是浪漫、贵气、优雅、时尚。

简约的石膏线条为空间注入了几分高雅，壁炉、挂镜、烛台是法式风格元素的呈现（图片来源：宏福橙设计）

1.1.2 法式风格的软装陈设要点

1. 色彩搭配在空间中形成强弱对比

法式风格推崇自然、不矫揉造作的用色，低饱和度的色调让人仿佛置身于华丽的巴洛克时代，静谧雅致的韵律在空间中自由游弋。它通常以白色、灰色为主，再点缀淡紫色、紫红色、灰蓝色、灰绿色等素雅的颜色，体现高贵奢华的氛围。法式风格也常采用金色、深棕色等，再结合象牙白色和奶白色，渲染出柔和且高雅的气质；还可以适当添加少量黑色和古铜金色，能加强空间的仪式感。

卡其色实木布艺宫殿床加上金色与复古蓝色的点缀，为犹如剧场的空间融入一分浪漫与细腻（图片来源：宏福樫设计）

以暖色系为主调，石膏线条使其立面形成错落的对比层次，现代与法式风格的混搭，优雅与质朴共存（图片来源：宏福樫设计）

2. 造型装饰简单且对称

法式风格的室内装饰造型多以石膏线条、廊柱、雕花为主，打造优雅华贵的气质，遵循"少即是多"的原则，石膏线条以简化的方式出现在室内空间。除了墙面，石膏线也可以在屋顶、梁、柱子上存在，稍微点缀些花纹图案，让整个空间更加精致。在室内空间里，法式风格的布局对称严密，采用垂直的落地门窗和拱顶装饰，在视觉上显高。

石材壁炉、雕花、法式廊柱等元素以轴线对称的方式呈现，营造出简单时尚又不失素雅精致的法式浪漫轻奢质感（图片来源：宏福橙设计）

经典轴线对称布局强调空间格调；使用黑白色调，柔美中不失硬朗（图片来源：宏福樘设计）

黑色窗格、长虹玻璃及拱形元素，简化线条以减弱厚重感，体现出简洁优雅的法式气韵（图片来源：宏福樘设计）

奶白色的壁炉成为客厅的视觉焦点，加入自然风绿植，诠释法式风格的浪漫情怀；精美的雕刻家具、优雅的墙面图案，在复古的色彩下，散发出优雅的女性气质（图片来源：宏福樘设计）

1.2　现代简约风格

1.2.1　现代简约风格的文化背景

简约主义源于西方现代主义，起源于 20 世纪初期的包豪斯学派。包豪斯学派以功能性为原则，推出了适合流水线生产的家具造型，在建筑装饰上倡导简约，其特点是将设计的元素、色彩、原材料简化到极少的水平，但对颜色、材料所营造出的室内空间质感要求很高。因此，现代简约风格的空间设计通常非常含蓄，却又能达到以少胜多、以简胜繁的效果。

在现代化发展历程中，家居装饰也变得更为实用，线条造型更加简洁，还运用了许多新颖的材料，比如金属、玻璃等材质，以抽象的轮廓打造崭新的效果，极简的直线或曲线几乎没有任何装饰性雕刻或点缀。因此，简洁和实用是现代简约风格的代名词，注重品质与个性，讲究材料本身的质地和色彩的配比效果，符合人们对生活美学的追求。

极简的线条造型、大面积的灰白色调、蓝色的玻璃茶几，赋予空间视觉亮点（图片来源：宏福樘设计）

1.2.2 现代简约风格的软装陈设要点

1. 运用几何线条，尽量少用装饰品，以简胜繁

现代简约风格的室内空间装饰元素少，墙面采用线条简洁的装饰造型，让空间留白，塑造清雅、干净的环境。其特点是选择极简但舒适实用的家具，比如线条简单的皮质或布艺沙发，常用玻璃、金属、水晶材质的灯具、装饰品。装饰品遵循点到即止的原则。装饰画多以无框画、组合画为主。窗帘面料通常以混纺或者棉麻布料为主，常采用纯色的布帘、纱帘或百叶帘的组合，让空间显得精致大方。

经典的皮质休闲椅彰显现代的艺术，装饰品点到即止（图片来源：习本设计）

墙面线条为直线造型，餐桌椅的造型简约利落，装饰画和抱枕上的几何图案符合现代人的审美（图片来源：菲拉设计）

空间多一点留白设计，壁灯与装饰画简洁有趣，营造时尚简约且细致的卧室空间（图片来源：菲拉设计）

黑色书桌椅和装饰画打造空间中的舒缓节奏，营造整体的意趣和舒适（图片来源：习本设计）

餐桌椅造型简约，软装饰品点到为止，强调了空间的表现深度（图片来源：合肥行一设计）

2. 常用黑色、白色、灰色等中性色调，强调空间质感

现代简约风格将设计元素简化到最少，以简洁的视觉效果营造出时尚前卫的空间氛围，常用黑色、白色、灰色等中性色调或自然的颜色，使空间的色彩层次感变得强烈，多用大的单色块去营造整体环境。现代简约风格的用色格调统一，注重色彩的起伏变化，使色彩之间形成一定的节奏感和韵律感。

主色调为黑灰色，再加入原木色，将精致极简与自然优雅暗藏于内，呈现出眼前平静内敛的视觉感受（图片来源：合肥行一设计）

大面积的白色赋予空间干净、细腻的感觉，线条的曲折延伸增添了空间的层次感，正是现代的极简美学（图片来源：习本设计）

米白色的主调与水洗灰色相融洽，材质的碰撞使得刚硬与温润并存，搭配出协调的高级感与细腻（图片来源：菲拉设计）

1.3　北欧风格

1.3.1　北欧风格的文化背景

　　北欧是地理名词，一般指北欧五国——挪威、丹麦、瑞典，芬兰和冰岛，而北欧风格是起源于斯堪的纳维亚地区的设计风格，因此也被称为"斯堪的纳维亚风格"。北欧风格崇尚简洁流畅的造型、明快的色调，亲民而富有设计感，没有多余的奢华装饰点缀，成为现在人们常选择的主流设计风格之一。在空间应用上，北欧风格特别重视对光的使用，除了善于运用自然光，也非常重视灯具的设计，擅于用不同的光源营造出不同的氛围。北欧风格在家居色彩的选择上，经常会使用白色，再点缀鲜艳的纯色，增加反光率。北欧风格在设计上强调宽敞，无论多大面积都应进行合理布局。

极简的餐桌椅、木质的玄关柜、毛绒质感的休闲椅配上格子抱枕，为空间增添自然气息　（图片来源：宏福樘设计）

1.3.2 北欧风格的软装陈设要点

1. 自然木质纹理，家具注重功能

北欧风格的家具通常以未经加工的原木为主材，保留材料原始的色彩和样貌，崇尚天然的质感，少用雕花和纹饰，强调结构与功能的完美结合。多功能、可折叠、可自由组合是北欧家具的主要特点。北欧家具大多较为低矮，注重从人体结构出发，讲究符合人体的曲线特征，木质框架外露和纯色的布料都显示出北欧风格的独特气质。

选择简洁柔软的小体量家具，进一步加大空间感的同时，让身处环境中的情绪变得更加温柔（图片来源：宏福樘设计）

北欧风格常用莫兰迪色调，卧室运用低饱和度的绿色，带来自然的质感（图片来源：宏福樫设计）

空间拥有明亮的自然采光，并以白色、原木色为主，营造纯净、舒适的整体氛围（图片来源：宏福樫设计）

蓝灰色与色彩缤纷的床品大胆撞色，时尚感十足，装饰画细节满满（图片来源：菲拉设计）

2. 以莫兰迪色调为主，高饱和度的色彩点缀

家居配色以大面积白色为背景、浅莫兰迪色为主色调，搭配色彩鲜明的装饰画、地毯、抱枕、摆件，作为细节的点缀。设计上也多用原始的配色，比如原木色、米色、浅灰色、黑色、蓝色等。

装饰画和地毯是不可或缺的部分，装饰画内容以植物、几何图案、动物、字母、水果等元素为主。地毯在家居搭配中扮演着重要的角色，既保暖又灵活，以多色拼接、几何线条及仿皮草的居多。沙发、抱枕以及挂画的颜色可与地毯的色块在视觉上进行互动，通过颜色上的互相呼应，增加颜色的碰撞。

大面积运用白色，让空间看起来通透干净，灰色的毛毯在整体白色的空间中更为突出（图片来源：七巧天工设计）

以纯白为基调，铂灰色与木色穿插其中，丰富空间色调，形成干净、简练的现代北欧基调（图片来源：宏福樘设计）

餐桌椅、装饰画、沙发三者在色彩上层层堆叠，彰显个人品位，让家居色彩层次变得丰富起来（图片来源：菲拉设计）

色彩鲜明的棕色沙发和红色的隔断墙，既有视觉焦点，又不觉得杂乱（图片来源：菲拉设计）

1.4 新中式风格

1.4.1 新中式风格的文化背景

新中式风格诞生于中国传统文化复兴的新时期，在设计上延续了明清时期的家居配饰理念，提炼了其中的经典元素并加以简化和丰富，空间配色也更为轻松自然，是对传统文化的再创造。新中式风格内蕴深厚，能彰显大家风范。

在室内空间中融入瓷器元素，仿佛置身于古代的文化氛围之中，用青花瓷打造一个别有韵味的新中式空间。例如，墙面的装饰画用青花瓷元素绘制、餐桌上摆放瓷器花瓶、在布艺或灯具中用青花瓷元素装点空间，这些都能够营造独具魅力的东方神韵。在新中式空间中，中国文化的浪漫情怀，在纹样和细节中体现得淋漓尽致。

方正的现代沙发搭配传统的休闲椅，彰显古典文化与新文化的交融
（图片来源：习本设计）

用丝绸、锦缎面料的抱枕和靠枕，配以清雅的色彩，含蓄而浪漫

1.4.2　新中式风格的软装陈设要点

1. 新中式家具线条简单

新中式家具注重装饰，在形式上简化了线条，通常运用简单的几何体来表现物体，但也不是凭空出现的，而是从中国的古典家具演化而来，既满足了当代人的审美需求，又符合实际的使用功能。屏风、官帽椅、条案是新中式风格家居空间中常使用的家具。

瓷器、文房四宝、盆景、字画、茶具是新中式空间的装饰品代表。新中式风格的装饰画常用水墨画、工笔画、书法作品、写意画，墙面上的字画数量不多，却能体现新中式风格留白的美学观念。

框一处美景，让空间延伸出虚与实的意境，于山水之间，品一杯茶，书写心之所往（图片来源：美纵室内设计）

官帽椅、博古架、青花瓷器、书画彰显了中式文化的内在底蕴（图片来源：菲拉设计）

2. 布艺图案优美，格调高雅

布艺多采用丝绸、棉麻、锦缎等材质，图案多以中式简约纹样、水墨画、无印花来表现，营造柔和与写意的美。窗帘配色以米色、杏色、浅金色等清雅的色调为主，帘头不宜过于花哨，可适当点缀流苏、云朵、盘扣等中式元素配饰。清爽透气的亚麻、轻盈细腻的提花面料、高贵精致的仿真丝、拥有天然质感的竹纤维材质都可以把中式风格的韵味发挥得淋漓尽致。

在新中式的空间中，墙面造型、家具款式以直线条为主，在灯具、床品、装饰品的细节中运用了中式元素（图片来源：艺硕空间）

柔软的布艺面料弱化了直线条带来的硬朗，创造出简约深邃且有气质的新中式氛围

素与雅是中国人喜欢的意境美，大块面的素色家具简洁硬朗，抱枕及地毯，以抽象的纹样体现新中式的清雅氛围（图片来源：艺硕空间）

3. 造型对称均衡，中国红点缀其中

新中式风格在布局上体现了中国古代室内装饰设计的特点，造型讲究对称，整体气势恢宏。而在软装设计中也离不开对称元素，家具的对称排列、左右前后的立柱及墙面上的灯具，给人安静庄严的感觉，蕴含着平衡、稳定之美。

在中国文化的历史长河中，红色是象征着幸福与好运的颜色，一直备受人们的喜爱。中国红背后的文化内涵丰富，是中华民族最具代表性的色彩之一，在新中式风格的空间中运用广泛，不仅能大面积铺陈，彰显空间的高贵，还能局部点缀，运用在不同的材质上，打破单调的空间氛围，增添色彩的冲击力。

点缀一抹朱砂红，去繁从简，谱写东方的美学情怀，塑造一方诗意的雅致空间（图片来源：无极设计）

直线条与大块面的结合，搭配具有中式元素的灯具、茶具，框两处小景，虚实相间，营造简洁的东方情致（图片来源：无极设计）

在对称布局中造一处景，看似简单朴实，实则彰显了一种气势磅礴的空间感（图片来源：无极设计）

1.5　日式风格

1.5.1　日式风格的文化背景

　　日式风格讲究和、寂、清、静。在有限的空间内，表现出深山幽谷之境，给人寂静的空灵之感。日式风格以"禅"为核心，彰显了简约、淡雅、朴素、节制、宁静的自然风格。天然材质的应用是日式家居最突出的特点，比如散发着稻草香味的榻榻米。日式推拉格栅讲究空间的流动与分隔，流动则为一室，分隔则可分出几个功能空间。

　　日式风格的收纳以及对空间的巧妙利用，吸引了人们的目光。收纳是一种生活技能，更是一种生活艺术。住宅的"小空间大利用"充分展示了日式收纳文化的精髓，"断舍离"这种生活方式，主要通过减少不必要的东西，让生活和人生达到和谐的状态，也是一种处事态度。

原木色与浅色的整体色彩搭配节奏感紧凑，处处体现日式的节制美学（图片来源：理居设计）

1.5.2 日式风格的软装陈设要点

1. 原木色家具，注重自然材质

日式风格讲究"返璞归真，与自然和谐统一"。在室内，让自然与设计融合在一起的最好办法就是将自然元素带到空间中。日式风格家具偏重于原木、藤、竹、麻等天然材料，实木推拉格栅门、榻榻米是家居空间中的代表元素，空间大量留白，用天然材质做饰面，再摆放一些植物、盆栽或竹子，营造出谦逊、安静的审美风格。家具造型简洁，功能性很强，注重收纳。

木格栅是日式家居中常见的元素，榻榻米的设计、棉麻的床品、编织的地毯、简约的色调，回归自然的禅意空间（图片来源：宏福樘设计）

在墙面安装上收纳架，壁灯上墙，让桌面有更多的阅读办公空间，体现了日式的收纳美学（图片来源：理居设计）

大面积使用沙砾灰色、石灰白色，穿插点缀原木色，打造古朴的空间气质（图片来源：宏福橙设计）

木质的天然质感，本身便带有人文属性，呈现古朴的侘寂风（图片来源：菲拉设计）

2. 色彩统一，明度较高

　　色彩上最大的特点是多以浅原木色搭配纯白色或米白色、浅灰色，也可适当点缀少量浅蓝色、浅绿色，给人清新淡雅的感觉。日式的白墙通常经过调和，加入了一些暖色，简洁的配色再点缀质朴的原木材质，营造出典雅的空间气质。布艺以浅色棉麻布料居多，一般无印花，以素色为主。

以白色为基调，观赏植物点缀于其中，左右不同高度和材质的吊灯带来视觉上的乐趣（图片来源：宏福橙设计）

水泥色与木质元素结合，弱化了空间色彩的对比度，家具简约朴素，体现了自然的日式侘寂美学（图片来源：合肥行一设计）

2

一学就会的色彩搭配技巧

色彩是空间的第一情绪表达，家居空间中软装设计的颜色直接影响着人的心理感受。色彩搭配在室内空间中有着举足轻重的作用，是最终呈现落地效果的关键所在。色彩没有高低贵贱之分，成功的配色源于对色彩的观察、理解和思考。软装色彩的搭配要考虑居住者的功能需求和空间特点，让空间呈现出不同的氛围，可以复古典雅，也可以唯美浪漫、纯真质朴，还可以个性飞扬。用配色灵感的火花去点亮理想中家的样子吧。

2.1 色彩基础知识

2.1.1 色彩的属性

色彩的基本属性由色相、纯度、明度组成。色相是色彩的基本相貌特征；纯度是指色彩的鲜艳程度，也是色彩的灰度；明度是指色彩的明亮程度。

1. 色相

色相可以分为六种：红色、橙色、黄色、绿色、蓝色和紫色。这六种色相又可以分为暖色和冷色。

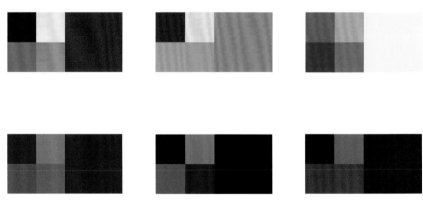

色相分类

2. 纯度

在同一色相中，纯度最高的是纯色。以下五个颜色都是纯色，鲜艳程度非常高，没有掺杂白色和黑色。

纯色系

纯度也叫色彩的饱和度，表示颜色中含有灰色的程度。饱和度越高，颜色越纯，色彩越鲜明；饱和度越低，颜色中灰色占比越大，色彩越黯淡。

饱和度变化

3. 明度

明度反映色彩的深浅变化。在颜色中不断加入白色，明度会越来越高，颜色看起来也会更加温和，所以明度高的颜色适合营造轻盈柔软、甜美放松的空间氛围。

同一颜色明度由低到高的颜色变化

在令人感到放松的卫生间里会用到明度高的颜色

在颜色中不断加入黑色，明度会越来越低，颜色会看起来比较暗，所以明度低的颜色在空间中会显得低调而沉稳。

明度变低

明度低的颜色适合营造复古的空间感

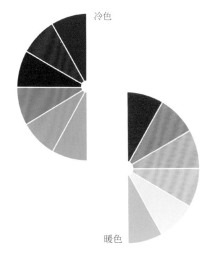

冷色

暖色

冷暖色对比图

2.1.2　如何调节色彩的冷暖平衡

1. 分清冷暖色

　　色彩通常以色环 180° 为分界，分为冷、暖两个色系。红色、黄色、橙色等颜色占比 75% 以上的色彩能给人带来温暖的感觉，这类颜色称为暖色。暖色的特点是视觉感向前、使空间显小，令人感到温暖舒适。蓝色、绿色、紫色等颜色占比 75% 以上的色彩，让人联想到天空、海洋、冰川，让人感觉寒冷，这类颜色称为冷色。黑色、白色、灰色属于无彩色，在其他色彩的对比下，也能产生"冷"或"暖"的色彩倾向。在空间中交替使用冷暖色，会显得平衡稳重，并富有层次感。

　　除此之外，高明度的颜色一般具有冷感，低明度的颜色一般具有暖感；高纯度的颜色一般具有暖感，低纯度的颜色一般具有冷感；无彩色系中黑色有暖感，灰色属于中性，纯白色不分冷暖，但带有颜色的白色是分冷暖的。

黑色、白色、灰色营造出安静优雅的氛围

偏暖的白色

中性色是由黑色、白色及由黑白调和的各种深浅不同的低纯度颜色组成，不属于冷色也不属于暖色，黑色、灰色、白色、金色、银色是五个最没有争议的中性色。而来自大自然的色彩，如米色、茶色、咖色、栗色、驼色、杏色以及深蓝色等，让人有中性的感觉，可称之为"中性色彩"。任何色彩的不同搭配都可能产生"中性"的感觉。中性色自带的含蓄特点很容易表露出安静优雅的空间气质。在室内空间中，常使用灰色、棕色、杏色这类暖色调营造出温馨治愈、舒适惬意的氛围感受。

灰棕杏色调和的暖色调组合

2.如何平衡空间的冷暖？

● **要点一　在室内空间利用冷色、暖色的交替来平衡空间的冷暖**

在进行软装整体搭配时，先确定大件的物品的颜色，比如沙发，同时要考虑沙发与背景墙的关系及沙发与地面的关系。空间中的软装材质也应考虑在其中，深颜色的物品具有稳定的作用。室内空间中的背景墙、四人位沙发、地面、地毯、单人沙发和矮榻都可当作单独的模块来进行冷暖色彩的交替。在以下图片中，暖色用"A"表示，冷色用"B"表示。

背景墙是A（暖色）　　单人沙发是A（暖色）　　四人位沙发是B（冷色）　　地毯是B（冷色）　　矮榻是B（冷色）　　地面是A（暖色）

以背景墙、四人位沙发、单人沙发、矮榻、地毯、地面的色彩来调节冷暖平衡

● **要点二　在空间中用中性颜色的交替来平衡空间冷暖**

在空间里运用咖啡色、杏色和灰色，不断地做冷暖色彩的交替。在软装设计中，先保证空间的冷暖平衡，再加入颜色点缀，比如沙发上的抱枕、茶几上的装饰品、装饰画等的色彩都属于点缀色。

背景墙是 A（暖色）　单人沙发是 A（暖色）　四人位沙发是 A（暖色）　地毯是 B（冷色）　休闲椅是 A（暖色）　地面是 B（冷色）

以背景墙与四人位沙发、单人沙发与休闲椅、地面与地毯营造的冷暖平衡

背景墙是 A（暖色）　　单人沙发是 A（暖色）　　四人位沙发是 B（冷色）　　地毯是 B（冷色）　　休闲椅是 A（暖色）　　地面是 B（冷色）

以背景墙、四人位沙发、单人沙发、休闲椅、地面、地毯的色彩来调节冷暖平衡

其实任何一种交替形式都可以成立，除了以下三种情况。

第一种：整个空间全部是冷色调，仅仅靠几个抱枕和金属色点缀。

背景墙是 B（冷色）　　单人沙发是 B（冷色）　　四人位沙发是 B（冷色）　　地毯是 B（冷色）　　矮塌是 B（冷色）　　地面是 B（冷色）

仅靠抱枕为暖色点缀，空间为冷色调

第二种：地面是冷色调，软装饰品是暖色调；或相反，地面是暖色调，软装饰品是冷色调。

背景墙是 A（暖色）　单人沙发是 A（暖色）　四人位沙发是 A（暖色）　地毯是 A（暖色）　休闲椅是 A（暖色）　地面是 B（冷色）

地面为冷色调，软装饰品为暖色调

第三种：背景墙和四人位沙发是冷色调，地面是暖色调，这种情况给人的感觉是地面颜色和空间软装是分开的，互不协调，没有体现出整体的节奏和层次感。

背景墙是 B（冷色）　单人沙发是 A（暖色）　四人位沙发是 B（冷色）　地毯是 A（暖色）　休闲椅是 A（暖色）　地面是 A（暖色）

背景墙和四人位沙发是冷色调，地面是暖色调

3. 暖色系空间要选择什么样的中性色来进行搭配

在暖色调的空间里可以加入中性灰色进行调和。当在橙色、黄色、红色中加入灰色作为搭配的时候，空间效果才能够达到平衡，不会过于热烈，因为它们是互为冷暖的颜色。在运用了红色、橙色、黄色的暖色调室内空间中，还可加入咖啡色，但前提是空间中已经有了灰色。

暖色搭配

橙色与冷灰色相得益彰

橙色与杏色搭配的前提是要有冷灰色做色彩平衡

4. 选择哪种颜色来搭配冷色系空间?

冷色系空间要选择一个暖色来搭配,可以选择下图右边第 2 个颜色,如杏色、木色,也可能是咖啡色或者金属色。

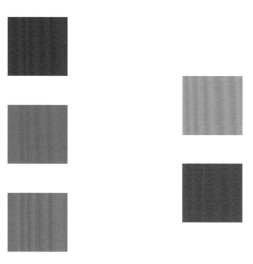

冷色搭配

冷色调蓝色与橙色、木色的搭配

在冷色调蓝色的空间中加入了暖色调的杏色和金属色

2.2　空间色彩搭配技巧

2.2.1　读懂色彩的感情

1. 红色

　　红色代表活力、热情、乐观、喜庆、冒险，能够让人情绪激动。红色是三原色中最具有动态感的。在空间中，用红色作为点缀色，创意感十足。在经典的黑白配色方案中加入红色，能营造出醒目现代的视觉效果。若大量使用高饱和度的红色，会让人有紧张、压迫的感觉；适当降低明度和纯度，空间能够变得恬淡优雅并具有温暖的氛围。

在餐厨空间中使用红色可引起用餐的食欲

红色与黑色、米白色的搭配，充满理性气息（图片来源：美纵室内设计）

2. 粉红色

粉红色由白色和红色混合而成，给人浪漫、可爱、美好、娇嫩的印象，能创造出一种甜美安宁的感觉，同时会舒缓心里的压力，在女性专属的室内空间、甜品店、儿童空间出现得较多。

嫩粉色与浅绿色互为补色搭配，活泼自然

呈现高级感的粉色装饰品与浅灰色相得益彰

粉红色让空间变得柔和，营造出华丽与低调的性感（图片来源：美纵室内设计）

亮眼的橙色与冷灰色搭配，打造视觉焦点

3. 橙色

橙色兼备红色的热情和黄色的明亮，虽与红色接近，但色彩感觉不那么强烈。橙色代表温暖、欢快、安心、创造性、活力，最常使用在餐厅或是需要创造愉悦氛围的开放式空间。橙色与蓝色、绿色搭配，能带来明快、充满活力的视觉感受。橙色与米白色搭配，会为空间制造出唯美协调的温馨感。

在空间中点缀橙色系颜色，温暖协调

棕色与黑色搭配，满满的复古怀旧感（图片来源：合肥壹研设计）

4. 棕色

棕色由橙色和黑色混合而成。棕色是大地的颜色，典雅中蕴含着朴实、平和、亲切，可以创造出一种安全和稳定的感觉。棕色和白色搭配尽显优雅气质，深浅不同的棕色系列很容易营造出安逸、质朴的氛围，可以在客餐厅的家具或床头的皮革上使用。

棕色与杏色搭配，和谐且有层次感

纯黄色家具营造出十足的明快氛围　（图片来源：理居设计）

5. 黄色

黄色属于三原色之一，是色相环上明度最高的颜色，代表阳光与能量、快乐与希望。在室内空间中大面积使用黄色，能提高室内色彩明度，会让人感觉更加舒适，特别适合采光不好的房间，常出现在家具或装饰品、橱柜上。非正式场合可以用高明度的黄色增加愉悦感；正式场合要用带有一定灰度的黄色，更显沉稳。将米黄色调用于家居空间时，可以营造出温馨的生活气息。奶油色和金色都源自黄色，适合明亮宽敞的空间。

黄色在灰色调的空间中更显高级

在家居饰品中，绿色具有自然生机感

6. 绿色

　　绿色是由蓝色和黄色混合而成的，是与自然相关联的颜色，代表宁静、生长、安全和希望。当在绿色中加入黄色时则偏暖，显得年轻柔和；加入青色时则偏冷，具有清冷感。绿色可以和任何色彩进行搭配，适宜运用在需要平静、放松心情的空间里，比如办公、学习空间。纯绿色适合用于灯具、装饰品或家具上，用在墙面上也非常抢眼。

绿色和红色也是经典的搭配方案，带来复古的感觉

当绿色变浅或变灰后，会显得更加宁静，适合营造清新质朴的空间，用在书房能帮助人集中精神，用在卧室能让人精神放松。冷色系的绿色和暖色系的木色能够打造自然和谐之美。墨绿色可以打造平静舒缓的空间氛围，经典的搭配是墨绿色与酒红色或墨绿色与金色。

墨绿色与金色搭配，让人感到强烈的视觉冲击（图片来源：云深空间）

儿童房的墙面和窗帘统一用绿色，有保护视力的作用

深浅不同的绿色带来春天的气息

7. 蓝色

蓝色是色相环上最冷的颜色，与红色互为对比色。蓝色是冷色调，代表理智、成熟、纯净优雅、安详与广阔。最常用在需要营造平静、舒缓的空间，如卧室、书房、工作区域或浴室。蓝色属于后退色，能够让房间显得宽敞。

将蓝色墙面用在卧室，展现理性的气质（图片来源：薄荷设计）

蓝色装饰画作为点缀，打破空间的单调感

明度高的蓝色能营造出明快优雅的风格，适合用在拥有充足自然光线的房间，比如沿海或在沙滩上的民宿。

将浅蓝色用在墙面上，给人一种纯净的海洋氛围

办公空间用浅蓝色，有一定的平静效果

8. 紫色

紫色既优雅又温柔、既奢华又庄重，淡雅的紫色能帮助人们舒缓情绪压力。不同颜色的组合决定选择用什么类型的紫色调。加入了灰调的紫色，更适合用在墙壁上、卧室空间或休息室，可搭配温暖的棕褐色皮革或木材。

将浅紫色用在墙面上，不会有压抑感，反而给人一种雅致的感觉

紫色与蓝色的邻近色搭配组合，优雅高贵

白色与黑色是最经典的搭配方案，空间明亮干净

9. 白色

白色是明度最高的颜色，且无色相，任何颜色都可以与之搭配。白色代表高雅、纯洁、简约。纯白色是冷色调，可以在任何房间中使用，尤其是在厨房和卫生间，非常受欢迎。但室内太多的白色可能会使人变得紧张，所以软装中不常用纯白色。灰白色适合用于大窗户和自然光线比较好的地方，比如朝南或朝东的房间，要尽量避免将灰白色用在北向或采光不好的空间。奶白色可以运用在采光差的空间里，也可以用在朝北的房间。

奶白色作为背景色，柔和而高雅（图片来源：合肥壹研设计）

10. 灰色

灰色是经典的中性色，可以与任何颜色或者不同色调的灰色一起使用，给人温和、沉稳、中立、高雅的感觉，是一种变化莫测的百搭色调。较浅的灰色会产生宽敞的感觉，适合用于采光好的房间。在黑白色调的空间中，灰色可以弱化黑白元素之间的强烈对比。深受人们喜爱的高级灰，并不是仅代表几种深浅不同的灰色，而是指整个色调的关系。

深浅不同的灰色营造出层次变化的质感美（图片来源：桐里空间）

在清新的北欧风格中常用浅灰色搭配

11. 黑色

黑色是明度最低的色彩，给人寂静、庄重、神秘、深沉、压抑的感觉，是能够压倒一切色彩的重色，因而在空间中不宜大量使用。黑色可以与不同的颜色搭配出不同的气质，常用在门窗、隔断、玻璃的金属外框、小件家具及灯具、饰品、装饰画上。

黑色餐边柜和黑色岛台搭配，一起打造简约美学（图片来源：宏福橙设计）

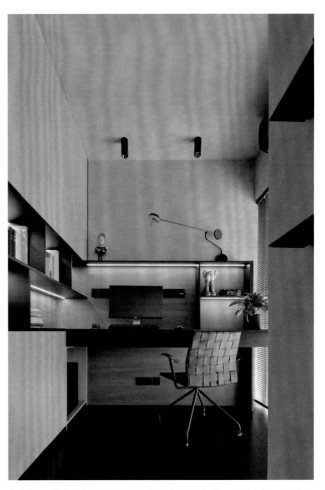

灰色墙面能有效地缓解黑色地面带来的压迫感，大胆个性（图片来源：理居设计）

2.2.2 空间常用的七大色彩搭配方案

1. 单色搭配方案

单色搭配方案是指在一个色彩家族中，不同明度、纯度范围内变化的颜色所呈现的搭配方案。用同一种颜色的不同变量来赋予空间色彩整体感，简单、连贯，容易实现和谐的空间感。沉浸在单一的色相搭配空间时，视觉上会非常协调。

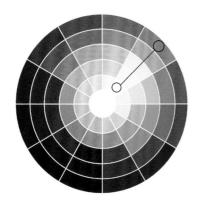

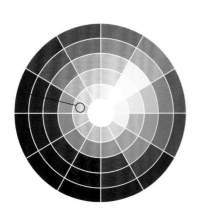

单色搭配方案示例

单色搭配方案，带来同色调的和谐感，有视觉呼应的效果

2. 邻近色搭配方案

邻近色搭配方案是指由色环上90°夹角范围内并肩相连的色彩构建成的搭配方案。配色方案不可超过三个色彩家族，可以打造出和谐且有个性的空间，比单色搭配方案更有层次感，同时比较柔和、舒缓。相邻颜色你中有我、我中有你，比如蓝绿色、天蓝色和蓝紫色，三者都含有蓝色。

邻近色有明显的色彩倾向，但又能形成一定的差别，让空间既和谐又有变化

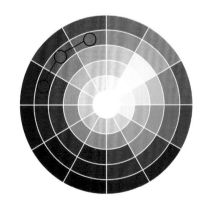

邻近色搭配方案示例

3. 对比色搭配方案

色相环上 180° 直对的两个颜色为对比色。在色盘上共有六组对比色搭配方案，比如红色和绿色、蓝色与橙色、黄色与紫色、橙黄色和蓝紫色、黄绿色和紫红色等。对比色可以营造出时尚而强烈的视觉效果，每组都由一个冷色和一个暖色组成，形成色彩张力。正确使用对比色搭配方案能为空间带来更加充满活力的氛围。需要注意的是，对比色搭配方案要适当调整其中一种色彩的明度和纯度，有效避免色彩相争，比如用红色可以搭配灰绿色。

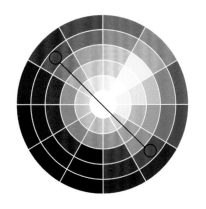 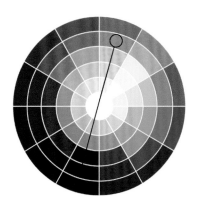 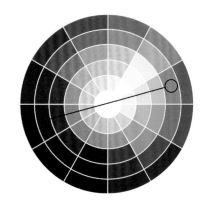

对比色搭配方案示例

强大的色彩张力，凸显空间的格调

4. 分裂补色搭配方案

　　分裂补色也叫作邻近对比色，是指色相环中任意一个颜色与其对比色相邻的两个颜色组成的配色方案。在色相环上是由一组邻近色加一个对比色组合而形成的锐角三角形，比如黄色、紫红色、蓝紫色。分裂补色方案是对比色方案的延伸，比对比色方案多一种色彩选择，同样能吸引人们的注意力，具有视觉冲击力，能够打造时尚感强烈而丰富的空间。和对比色方案相比，分裂补色方案稍微缓和一些。

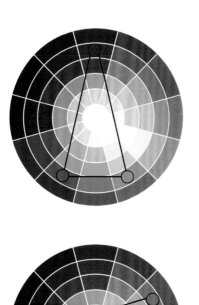

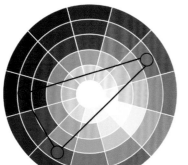

巧妙运用色彩间的碰撞，既有补色的对比感，又有邻近色的美感

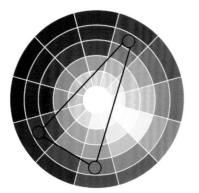

分裂补色搭配方案示例

分裂补色搭配方案不仅能缓和色彩的对比，还增加了色彩的层次

5. 三角形搭配方案

三角形搭配方案是指在色相环里处于正三角形三个顶点位置的色彩组合，最具代表性的是红、黄、蓝三原色组合。三角形配色最具平衡感，是非常动感活跃的配色方案。想要空间色彩有秩序感、充满韵律，三角形配色方案是很好的选择。即使不熟悉色彩原理的人，也会觉得这三种颜色组合在一起的视觉效果是平衡的。

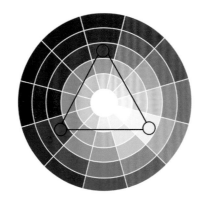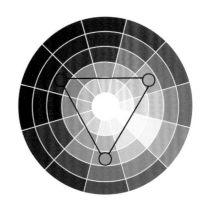

三角形搭配方案示例

红色、黄色、蓝色的色彩组合，增强了室内的活力氛围

空间色彩做到有主有次，层次分明（图片来源：理居设计）

6. 长方形补色和正方形补色搭配方案

长方形补色搭配方案是指在色相环上位置在长方形四个顶点处的补色，即对比色相左右两边相邻的颜色并呈长方形关系的组合。长方形补色的颜色有橘色、黄色、蓝色、紫色和橘黄色、黄绿色、蓝紫色、紫红色和黄色、绿色、紫色、红色等。

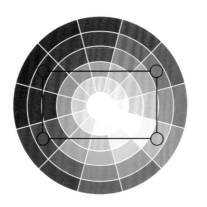 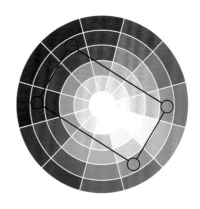

长方形补色搭配方案示例

绿色、蓝色、红色、橙色的长方形补色关系，轻松、时尚感扑面而来　　整个空间静谧沉稳，又有色彩的变化（图片来源：理居设计）

正方形补色是指在色相环上位于正方形四个顶点的补色，颜色和颜色位置之间成 90° 角。正方形补色的颜色有紫色、橘红、黄色、蓝绿色，紫红色、橘色、黄绿色、蓝色，红色、橘黄色、绿色、蓝紫色。

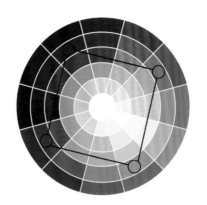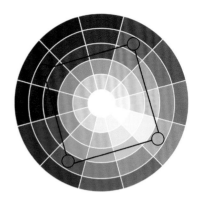

正方形补色方案示例

将蓝色作为空间主色，要注意其他配色的搭配比例

无侧重地使用色相进行色彩搭配

7. 全相形搭配方案

全相形搭配方案是指任意颜色组合的关系搭配。蓝色与黄色、蓝色与红色、绿色与紫色、绿色与橙色等。宁静的蓝色加上优雅的黄色，是非常成功的配色代表。

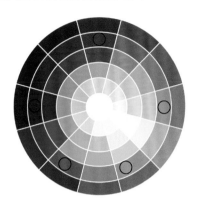

全相形配色方案示例

全相形色彩搭配的室内空间有自然开放的感觉，华丽感十足

2.3 空间色彩关系以及色调的运用

2.3.1 空间色调的六种明暗关系

1. 高明度、低对比

明度高的色彩有轻快之感。在一个色彩组合中，如果色彩之间的明度差异小，便能够轻松打造出优雅的空间感受。整体画面都是浅色调的搭配组合，很少出现较深的颜色，色彩之间也没有强烈的对比变化，总是保持和谐统一的视觉感受，通常用于营造清新、甜美、纯净、淡雅的家居氛围。

所有颜色都以偏浅色调为主，色彩之间的明度差异小，颜色对比度较弱，整体画面柔和

淡粉色的墙面背景搭配乳白色的玄关柜，整体并无深颜色出现（图片来源：理居设计）

2. 高明度、高对比

在浅色调的色彩组合中，提高纯度，可以让主角的颜色变得明确。突出主角的颜色，打造空间的视觉中心，引人注目，带有强势之感。整体都是高明度的色彩，当纯度提高使颜色变得鲜艳，画面主角便可突显出来，能够营造充满活力且有动感的家居氛围感受。如右图，当画面有了明显的对比变化，整体感受安稳舒畅。

整体色彩明度较高，颜色有明显的对比变化，活泼且视觉感受强烈

空间整体配色大胆，鲜亮的软装饰品、家具单品也特别有趣，主角颜色纯度高且富有艺术气息，完美展现了空间的灵动性（图片来源：七巧天工设计）

3. 中明度、低对比

在中间色的颜色组合中保持平稳的风格，整体画面色彩以中明度颜色为主，对比感较弱，能够产生融合之感。中性的颜色多以大地色为代表，能够营造平和、宁静、质朴的家居氛围。在中明度的配色方案中，若对比度较低，更显自然、低调、舒适。中明度、低对比的配色方案适合素净高雅的客厅、温馨舒适的卧室、东方风情的茶室或者偏男性化的空间以及老人房。

整体中性色调，色彩氛围质朴宁静，诠释出有故事感的室内空间

中性的色彩基调，对比度较低，硬装背景与软装家居的色彩和谐，显得朴素宁静

4. 中明度、高对比

色彩以中明度颜色为主，搭配浅色或深色进行组合，加入纯度较高的颜色，能够提升视觉感受，在雅致的家居环境下，赋予一分热情、动感、活泼与纯真，常用于追求强烈的个性化色彩的空间。质朴的空间基调下，在床品、地毯、装饰品、花艺中增加小面积高对比的颜色，可以表现出极强的跃动感，适合体现有条不紊、精致时尚的家居氛围。

色彩以中明度颜色为主，整体有明确的对比感

靠枕和书籍以高对比的颜色出现，整体有色彩的对比变化，体现出低调且令人愉悦的空间感受（图片来源：宏福樘设计）

5. 低明度、高对比

明度低的软装家具及产品显得雅致、结实，有厚重之感。低明度、高对比指的是在暗色调的颜色组合里出现一些强烈的色彩，使整体空间不会显得那么沉闷。这种搭配方案常用在营造暗色调的空间里，强调一些色彩变化，使配色效果饱满且有张力。在家居空间中，通过提高软装单品的对比度，能够增加空间的丰富度，可以在灯具、装饰品、家具单品、装饰画、花艺上合理增加点亮之笔。

整体色彩有明确的对比感，突出强调一种颜色

大面积深色的柜子具有稳重、高级的氛围感，搭配家具及软装饰品延续硬装的主基调，质感满分，而吊灯和书籍采用了鲜亮的橙色，瞬间点亮空间，视觉感受上更加生动（图片来源：宏福樘设计）

6. 低明度、低对比

深暗的颜色能表达出传统、厚重的空间印象。如果空间完全是暗色调的组合，且是低对比的颜色，那么厚重感的色彩会赋予空间一种严谨、理性的感受，具有强烈的男性魅力。常用于茶室、男性空间或者侘寂风格的空间，不会出现纯度很高的颜色及对比变化，营造出内敛、朴素、稳重、传统的空间印象。

整体色彩明度较低，且颜色统一，给人稳重、幽静的感觉

传统的中式韵味在低明度的氛围中弥漫开来，整体颜色的彩度较低，没有明显的对比变化，突出了含蓄、古朴、高雅的空间风格

2.3.2 如何正确使用点缀色

点缀色主要用于抱枕、装饰画、摆件等装饰品上，也可以用在窗帘或者地毯的少量颜色中，是空间占比最少的颜色。

点缀色还可以通过高、中、低的方位或点、线、面的形式来呈现。如果点缀色以高、中、低的方位呈现，高位可以在窗帘布艺中使用；中间位置可以是墙上的挂画；下方位置是地毯上的某些图案或颜色。

若以点、线、面的形式使用，空间中的点状元素可以是沙发抱枕、地毯上的点状图案和花艺造型；线状元素可以是窗帘的绑带、窗帘拼色的褶边、装饰画的几何线条等；面状元素是指家具、窗帘和地毯的大面积颜色等。

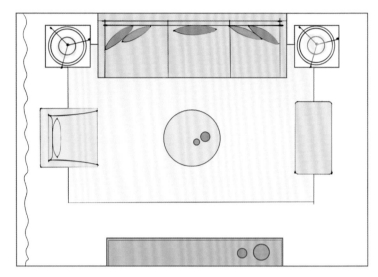

点缀色应用在主沙发抱枕、茶几及电视柜的装饰品上

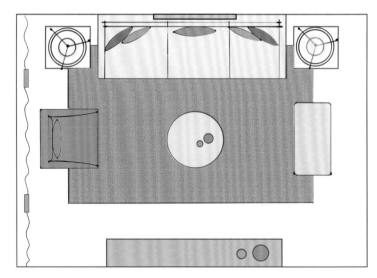

点缀色应用在装饰画、窗帘以及地毯上，空间的色彩更丰富

1. 点缀色在客餐厅的分布

客餐厅中的点缀色——红色分布在沙发抱枕、装饰画、矮塌、茶几上的花艺、地毯、餐椅及餐厅装饰柜的花艺上，共七个点位，以点（沙发抱枕、茶几上的花艺、餐厅装饰柜的花艺）、线（餐椅、装饰画）、面（矮塌、地毯）的形式，让空间散发出浪漫氛围。另外，餐桌上的花艺也可理解为线状元素。

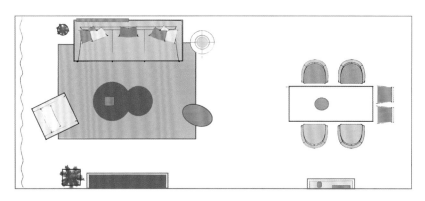

点缀色在客餐厅的分布平面图

点缀色为红色，活跃空间单调的氛围，在视觉上起到点睛的作用（图片来源：菲拉设计）

不同饱和度的绿色点缀在客厅空间中，以点状形式出现在茶几的小花艺上，以线状形式出现在窗帘及自行车上，以面状形式出现在抱枕和电视柜上。

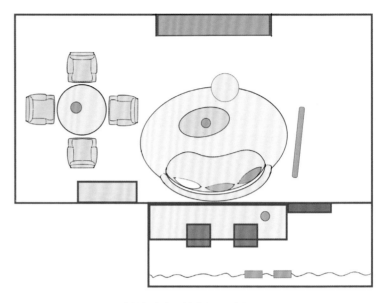

点缀色在客厅的分布平面图

点缀色在空间色彩中的占比不高，但能让人眼前一亮，让空间更具灵气 （图片来源：宏福樘设计）

2. 点缀色在卧室的分布

处在卧室空间高位的是背景墙上的装饰画和窗帘；处在中间位置的是书桌装饰画；桌椅和台灯处于低矮的位置。如果有地毯，则可以将颜色点缀在地毯上；如果没有地毯，有高、中的方位或点、面的形式点缀色也可以。

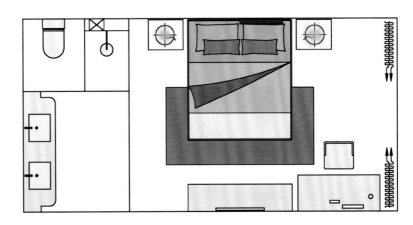

点缀色在卧室的分布平面图

卧室同样采用高、中、低和点、线、面的点缀手法（图片来源：艺烁空间）

3. 点缀色在书房的分布

书房空间以简洁干净的颜色搭配为主，为了营造宁静、舒适的学习或办公空间，点缀色不宜过多，且颜色不可过于鲜亮，以免造成视觉疲劳。书房点缀色以蓝色、绿色最为常用，冷色调可以让人冷静、沉着，营造出清新淡雅的舒适氛围，可运用在软装饰品、灯具、座椅的面料、地毯或者花艺绿植上。

点缀色在书房的分布平面图

书房整体以木质为主，点缀装饰画和地毯等，契合使用者静心阅读的环境需求（图片来源：七巧天工设计）

4. 点缀色在儿童房的分布

儿童房的配色方案要考虑儿童的年龄、性格及爱好，从而进行合理地分析定位，选择适合的颜色，同时要考虑儿童未来三到五年的成长规划。儿童房的点缀色多以自然、充满活力、恬静、温馨的颜色为主，点缀色常分布于窗帘、床品、挂画、台灯、地毯或饰品上。淡粉色、淡紫色、橙色、天蓝色、淡绿色都是不错的选择。

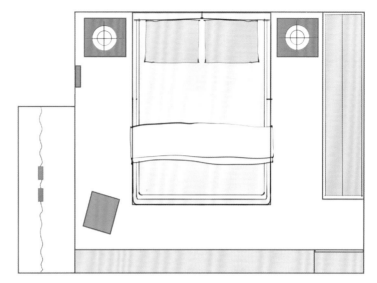

点缀色在儿童房的分布平面图

清新的橙色打破室内的沉闷感，彰显出儿童纯真、烂漫的气质（图片来源：宏福橙设计）

5. 点缀色在卫生间的分布

卫生间以简洁的色彩为主，一般在花艺绿植、门框或者洗手台的面板上使用点缀色。右图中卫生间的洗手台区域使用的点缀色提升了整体的温馨感。

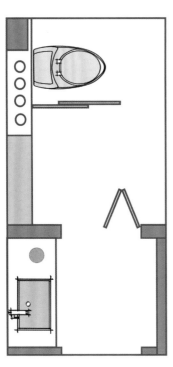

点缀色在卫生间的分布平面图

洁白的墙砖搭配蓝绿色浴室柜，为空间增添一丝高雅之感（图片来源：七巧天工设计）

6. 点缀色在厨房的分布

　　厨房空间以干净整洁的氛围为主，可选择暖色系来增进食欲，或是以绿色系营造出轻松自然的氛围。点缀色常体现在厨具、果盘、花艺上。

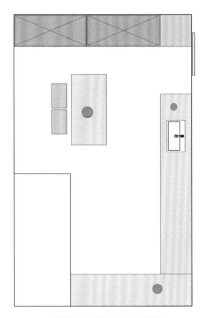

点缀色在厨房的分布平面图

使用橙色作为点缀色，打造了视觉的中心，是在室内风格基础上的个性展示（图片来源：宏福橙设计）

明度差距越大，对比效果越明显

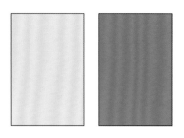

明度差距越小，会显得越柔和

2.4 空间软装色彩搭配进阶技巧

2.4.1 巧妙运用明度差

什么是明度差？明度就是色彩的明暗程度。明度最高的是纯白色，明度最低的是纯黑色，每个颜色都有相应的明度值。如果把一张图片变成黑白色后，依然能够很清晰地看到每件物品的层次感，就说明这个空间有明显的明度差。

明度差使空间更有层次感

深色皮质沙发放在室内空间中，当背景色为纯白色时，没有家居氛围感。如果增加背景颜色作为衬托，此时沙发在空间中会显得比较柔和，这种柔和感的体现是通过明度差的原理达成的。

色彩明度差过大，凸显单个主体

降低色彩的明度差，氛围感变强

　　右下图比左下图的家居氛围更柔和。背景墙颜色作为中间色，能将单个色彩过渡到空间整体色调中。如果室内空间色彩搭配不够柔和，可以考虑是不是墙面颜色太浅，而部分家具颜色太深或是挂在墙上的装饰画颜色太深；还是墙面颜色太深，挂画颜色太浅，这些都是存在可能性的。

无中间色，画面单调，空间感差

中间色在室内搭配中起过渡调节作用

同样色调的颜色，加大色相差可以增强对比感。同色相及相邻色相的颜色搭配时，对比感较弱，无法突出主角。将两个颜色的色差加大，可以明确主角颜色，演绎充满活力的空间氛围。

床与背景墙的颜色色相相差较小，画面显得平淡单调

将床与背景墙的色相差拉大，画面显得欢快爽朗

2.4.2　如何配比空间色彩的深浅比例

1. 大件家具为浅色，小件家具是中间色，地毯可浅色可中间色，其他物品呈深色

　　三人沙发、茶几可以浅色系为主，休闲椅及矮塌使用中间色，电视柜、边几一般选择相同或类似的深色，小面积的深色可以作为空间的稳定色，具有分散稳定的效果，平衡整体空间的色彩，增加与其他软装色彩的层次变化。当选择浅色或中间色的茶几时，茶几台面上可摆放中间色或深颜色的装饰品，显得更有质感。地毯可选择浅色或中间色。这种搭配方案能够营造出相对柔和、舒适的氛围感受。

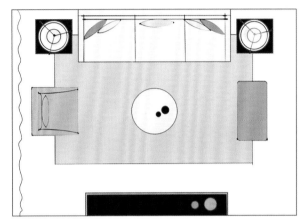

主沙发与休闲椅为浅色、中间色时，地毯的颜色要做出深浅变化

茶几的台面是浅色或透明的颜色时，底座用深颜色，能起到稳定空间的作用，同时与电视柜的深颜色相呼应（图片来源：宏福樘设计）

2. 大件家具为浅色，小件家具是中间色，地毯和其他物品呈深色

大件的三人沙发、休闲椅和茶几以浅色为主，搭配的矮塌可以使用中间色，地毯选择深色。深色具有分散稳定的效果，更显成熟稳重，电视柜、边几使用深颜色，在空间中分散布置，稳定了空间色彩关系。在沙发上搭配中间色或略深颜色的抱枕作为点缀，加上深色或金属色的落地灯，营造的空间氛围较硬朗、沉稳。

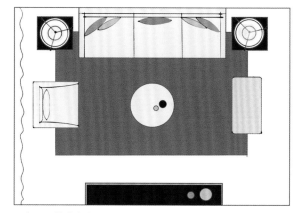

大面积的浅色家具和深色地毯让整个空间显得雅致、低调

茶几腿部的深颜色与深色底座的落地灯，成为稳定空间的颜色，搭配一些金属色彩，点亮了空间的精致氛围

3. 大件家具为浅色，小件家具是深颜色，地毯使用中间色

大件的三人沙发以浅色为主，休闲椅、地毯用中间色拉开层次，茶几、边几及电视柜以深颜色为主。当茶几为深色时，台面上摆放的装饰品适宜使用中间色或浅色，沙发上的抱枕可以错开深色，使用浅色或中间色，提升画面的丰富感。这种搭配方案整体更简洁，若选择简约的家具造型，则更能提升空间的气质。

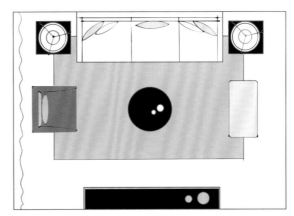

用茶几、电视柜上的装饰品进行颜色调和

休闲椅、落地灯采用低饱和度的中间色，搭配地毯，营造出雅致、自然且有活力的氛围

4. 大件家具、小件家具、地毯均采用中间色，茶几、边几、其他物品为深色或中间色

大件沙发、休闲椅、地毯采用中间色，其他装饰品如抱枕、摆件，以深色在空间中分散出现，作为空间的稳定色。当茶几、边几都为深颜色时，台面上搭配浅色与中间色组合的装饰品，别致且优雅。当茶几、边几、电视柜是中间色时，台面上搭配深色装饰品，体现深颜色在空间分散稳定的效果。这种搭配方案能够营造出高级、淳朴、稳重的氛围。

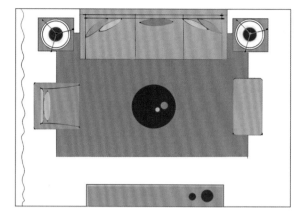

大地色系的沙发、地毯，透露出淳朴与自然的质感

在摆放了深色的茶几、抱枕及收纳柜的空间中，焦糖色的沙发打造出视觉亮点，凸显现代、宁静、高级的艺术气息（图片来源：艺烁空间）

5. 大件家具为深色，地毯采用中间色，小件家具、其他物品是深色或浅色

三人沙发、休闲椅、电视柜采用深色，地毯选择中间色，茶几既可以使用深色，又可以选择浅色，其他物品如沙发上的抱枕、矮凳及部分装饰品可以选择深色，在空间中分散开来，形成深、中、浅的层次之感。注意每个物品与相邻物品之间保持深、中、浅的韵律感。这种搭配方案能够营造出相对低调、成熟、安稳的氛围感受。

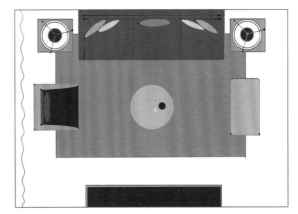

几乎都是深颜色的家具，空间色彩沉稳且高级

家具以深灰色、胡桃木色为主，搭配大地色系的地毯和沙发毛毯，现代简约的风格搭配干练的色彩，体现深沉的氛围感（图片来源：习本设计）

3

家具运用及空间规划

软装设计中，家具的占比达到了 60% ~ 70%，包含沙发、茶几、电视柜、餐桌椅、床、书柜、衣柜、书桌椅等。不同风格的家具搭配，呈现的整体效果是不一样的。家具的搭配与选择，不仅要满足居住者的功能需求，同时还要考虑材质、造型、色彩与结构的和谐统一，这样的家具搭配才能满足人们的审美要求。

3.1　家具搭配指南

3.1.1　家具的分类

家具在软装设计方案中占据了举足轻重的位置。常见的有坐卧型家具、收纳型家具、陈列型家具、装饰型家具。家具还可以按照功能、使用场所、风格、材质及选购方式等分类。其按照功能可分为沙发、桌子、椅子、柜子、床榻、几类等；按照风格可分为中式风格、现代风格、日式风格、北欧风格等；按照材料可分为实木家具、板式家具、皮质家具、布艺家具、金属家具等。

家具按功能分类

类型	家具单品
沙发	单人沙发、多人沙发、组合沙发、懒人沙发、功能沙发
桌子	餐桌、吧台、书桌、玄关台、办公桌、儿童学习桌、梳妆台、麻将桌、会议桌
椅子	餐椅、吧台椅、休闲椅、办公椅、儿童学习椅、化妆凳、床尾凳、沙发凳
柜子	鞋柜、电视柜、玄关柜、餐边柜、酒柜、书柜、床头柜、橱柜、斗柜
床榻	单人床、双人床、高低床、沙发床、组合床
几类	茶几、边几、案几、花几
架类	鞋架、书架、置物架、衣帽架、花架
户外家具	户外沙发、户外茶几、户外桌椅、户外遮阳伞、户外凳子、吊床

家具按风格分类

风格	介绍	元素	材质	适合人群
中式风格	一般以珍稀名贵木材为主,造型简朴优美,格调高雅,在装饰细节上崇尚自然,常用花鸟鱼虫等纹样,富有变化,讲究左右对称,体现了中国传统文化的美学精神	以明清时代的家具为主要代表,讲究家具的取材。明代家具在造型上以线为主,装饰元素较少,造型更简洁、明快;清代家具体型较大,常用雕刻、镶嵌、描金以体现庄重与华丽。官帽椅、条案是中式家具的代表	一般以硬木为主,比如鸡翅木、紫檀、非洲酸枝、海南黄花梨等木材	传统意义的中式家具价格昂贵,同时具有收藏价值,适合有经济条件的文人雅士和年长人群
新中式风格	在设计上延续了明清时期家居配饰理念,提炼了其中的经典元素并加以简化和丰富,家具配色也更为轻松自然	对传统中式文化的再创造,采用现代的材质与手法,将古典中式韵味进行全新演绎。在造型上简化了很多,注重简单流畅的线条与新型材质的结合	常用黑胡桃木、榆木、白蜡木、橡木、乌金木、红木等	新中式风格蕴含着中国传统文化特色,同时符合现代人的生活理念,适合性格沉稳、喜欢中国传统文化的各类人群
日式风格	又称"和风",来源于中国唐朝,日式风格深受中国文化的影响,以"禅"为核心,体现了侘寂美学	造型拘谨,大多以低矮的家具为主,但功能强大,注重收纳功能,在摆放上讲究秩序与规整	以木、竹、藤等为主要材质,常用松木、枫木、胡桃木,及其他质感轻盈且具有高度透明感的木材	适合喜欢休闲舒适、禅意、宁静的居家氛围的各类人群
现代风格	起源于20世纪初期的现代主义运动,以功能性为原则,家具造型适用合流水线生产,倡导简约	线条简洁,造型简约,装饰元素少,追求以少胜多、以简胜繁的效果	材质多样化,比如金属、木材、石材、玻璃、亚克力等	适合注重生活品质的年轻人群
欧式风格	源自欧洲宫廷家具,主要有法式风格、意式风格、西班牙风格、英式风格、地中海风格等	法式家具多以纤细的S形曲线为主,加以描花、雕刻工艺;英式家具整体线条简洁大气,细微处以雕刻、凸线、狮足、雕镂、黄铜嵌带等工艺装饰	常用柚木、榉木、橡木、胡桃木、桃花心木等材质	适合崇尚贵族气质的人群
北欧风格	北欧五国(挪威、丹麦、瑞典、芬兰及冰岛)艺术设计风格的统称	北欧风格的家具有着自己的设计风格,瑞典风格的家具是雅致与时尚风格,丹麦风格的家具设计的核心是以人为本	常用枫木、橡木、云杉、松木以及白桦等	适合追求实用兼顾美观且有艺术品位的年轻人群
意式轻奢风格	文艺复兴时期的意大利家具以造型设计的高雅、奢华、庄重而闻名至今,融合了意大利的艺术气息和雅致氛围,在简约的空间布置中展现精致的生活品位	家具造型以直线为主,线条简洁,很少有曲线条,追求材质的细节感	材质多以实木为主;面料多样,以棉、绒、亚麻、雪尼尔、马海毛和皮革等为主	适合注重品质、追求艺术生活氛围的中高端人群

家具按材质分类

材质	介绍	特点	优点	缺点
皮质家具	以真皮、人造皮包覆的家具	真皮家具纹路清晰、质感柔软细腻；人造皮主要是由PVC塑料制成的仿皮质材质，质感和色彩稍逊于真皮，但价格实惠	质感好，容易打理，经磨耐用	价格偏高，需要定期保养
布艺家具	以纯棉、麻布、混纺、绒布、科技布等包覆的家具	纯棉类家具透气性好，亲肤且自然环保；绒布质感丝滑，富有弹性；麻布软硬适中，能打造古朴自然的气质；科技布也是家具中常用的材料，外观接近真皮的纹理和色泽	款式多样，柔软性、耐磨性、透气性都很好，拆卸清洗方便，性价比高	表层面料容易脏，用久了容易塌陷
金属家具	以金属管材、板材为主架构，搭配其他材料制成的家具，或者是完全由金属材料制成的家具	家具形态、风格特别，家居风格多元化并具有现代时尚气息	坚固、耐用，防火，绿色环保，价格不高	色调单一
实木家具	纯实木与仿实木家具，仿实木家具是实木与人造板混合制成的家具	实木家具的表面一般能看到木材的纹理，常用于中式风格的设计中。在美式乡村风格的空间中，常使用大量深颜色的实木家具	质感好，天然环保，耐磨性好，保值	价格偏高，需要长期保养
板式家具	以人造板为主要基材，以板件为基本结构的拆装组合式家具。常见的人造板有胶合板、中纤板、刨花板等	人造板是目前常用的家具材质，种类多样、价格不一，最常用的是中密度纤维板	拆装方便，造型多样，性价比高	环保性能不佳
玻璃家具	大多数采用高硬度的强化玻璃和金属框架制成	拥有通透、轻薄的视觉感受和时尚感，可塑性强，可以制作出各式各样的优美造型	家具不容易变形，通透感好，时尚感强，具有抗老化的特点	不易搬运，容易损坏
藤制家具	以藤皮为主要原料的家具	图案感强，外表饱满紧实，能打造出清新雅致的自然气息	吸湿、吸热、透气，防蛀虫且不会轻易变形和开裂	造型单一，不易清洁

现代简约风格的家具造型简单，线条流畅，追求实用、美观（图片来源：习本设计）

写意山水画、红色落地灯与抽象的山水纹样抱枕和地毯搭配，处处营造出雅致、隽永的中式意境（图片来源：美纵室内设计）

以藤为主要材料的家具，整体协调、柔和自然（图片来源：云深空间）

小户型的空间适合轻巧造型的家具，整体轻盈，体量感不大（图片来源：七巧天工设计）

3.1.2 家具款式的选择

1. 客厅区域

面积小的户型可选择小巧、纤细、简洁的家具，如现代家具、北欧家具、日式家具。组合式的大小茶几错落精致，沙发的靠背及扶手不宜过宽、过大。

面积大的户型，家具款式不受限制，可选择厚重的、落地款式的大沙发或转角沙发，并搭配一个或两个同样较厚重的扶手椅，落地款式的家具能带来沉稳、大气的视觉感受。沙发可以采用围合式布局，建议空间里 80% 的家具采用同一种风格，剩下 20% 的家具可搭配其他款式进行点缀。

新中式风格的沙发款式以方正落地款为主，凸显大气沉稳的氛围

多功能空间的家具可选择简洁纤细的家具款式（图片来源：七巧天工设计）

客厅沙发选择无扶手沙发，增加趣味感，还可搭配造型别致的小边几（图片来源：习本设计）

选择高低错落的小茶几更显趣味性（图片来源：菲拉设计）

块状的单体沙发造型可自由组合，搭配弧形的茶几软化空间的硬朗感（图片来源：习本设计）

选择边几的尺寸要考虑周围家具与空间的关系（图片来源：宏福橙设计）

2. 餐厅区域

选择餐椅时，要注意餐椅扶手的高度是否低于餐桌桌面，以及餐椅腿能否放进餐桌桌面下方。当选择主副椅的时候，可以在扶手和颜色上做出变化，突出主人位。

这三种类型的餐椅都带有扶手，适合用在三室以上的室内空间

主椅款式与副椅款式不同，相对隆重

餐椅腿部造型以轻巧为主，宜用基础款的直线条（图片来源：七巧天工设计）

圆形餐桌可以更好地增加使用者的互动；餐椅选择不同的造型，丰富画面动态的氛围（图片来源：七巧天工设计）

直线条的餐桌能够最大化地利用桌下的空间（图片来源：理居设计）

长凳与餐椅的搭配更好地利用空间，缩小用餐空间的占比（图片来源：理居设计）

根据空间的整体风格选择家具材质，长凳显得空间宽敞（图片来源：七巧天工设计）

3. 卧室区域

在卧室，床的靠背不宜过高、过厚，尽量选用无床尾造型的款式。

靠背过高，让空间显得拘谨、压抑

床架离地高 15 cm，可有助于清扫设备更好地进行灰尘清理（图片来源：七巧天工设计）

尽量选择床垫与床架齐平的款式（图片来源：菲拉设计）

床头柜最主要的作用就是放置手机、水杯等小样东西，其数量以及形式也不必拘泥于一种模式，可以根据卧室床摆放之后的尺寸，灵活变化。如果卧室空间较小，可以摆放一个床头柜，或在墙上定制一个置物板，轻巧美观、节省地面空间，还具有设计感，几乎没有卫生死角问题，清理起来很方便。

在卧室布置梳妆台或小书桌，书桌长为 80 ～ 120 cm，更小的尺寸需要定制（图片来源：七巧天工设计）

当卧室有更多的空间时，可在靠窗处布置一块休闲阅读区域，享受惬意的时刻（图片来源：宏福樘设计）

3.1.3　家具摆放搭配技巧

1. 家具摆放形式

　　客厅家具的摆放形式分为对称形式、非绝对对称形式、区域自由组合形式。传统中式家具的摆放讲究规整有序，将成组成套的家具以对称的形式摆放，能营造出独特的东方情调。现代风格家具多以不对称组合形式摆放。

　　随着人们生活水平的提升和生活方式的改变，家具的摆放拥有更多可能，主沙发可以采用双面使用性，满足更多的空间需求。

新中式的家具选择对称形式，体现庄重与大气

非绝对对称形式——在对称形式的布局上做一点不对称，增加变化

区域自由组合形式

会客区域与儿童互动区域贯穿，主沙发具有更多使用功能　（图片来源：菲拉设计）

2. 家具搭配技巧

在一组家具搭配方案中，不宜出现过多夸张的家具款式，时尚款的家具造型有一两个即可。在家具材质和面料的选择上，尽量做到软硬材质互相结合，皮质与布艺沙发协调搭配，不宜在空间中全部出现皮质、金属、玻璃、不锈钢的家具材质，以免空间显得过于硬朗，缺乏温馨感。

造型时尚的休闲椅为空间增分 （图片来源：菲拉设计）

黑色皮质沙发搭配木质的藤椅及毛绒质感的靠垫，瞬间提升舒适感 （图片来源：菲拉设计）

3.2 如何合理地规划家具布局

3.2.1 常用家具的尺寸与搭配

1. 客厅区域

单人沙发的尺寸随着款式与造型而变化。常规款单人沙发宽度为70 ~ 80 cm，深度一般为80 ~ 105 cm；欧式或美式单人位沙发宽度为90 ~ 100 cm。角几的宽度一般为50 ~ 60 cm，高度为55 ~ 60 cm。

小双人沙发长度为126 ~ 150 cm，深度不超过90 cm，座高45 cm，坐深大于60 cm，可用于面积较小的客厅，也可以和大三人、四人沙发组合搭配。小双人沙发搭配的茶几长度一般为80 ~ 100 cm，宽度不小于50 cm。

总长度为100 cm的茶几组合，大茶几尺寸在60 cm左右，另一个在40 cm左右。茶几的高度一般为40 ~ 42 cm，有些茶几偏矮，高度在38 cm左右。建议在小户型客厅中采用组合式的茶几，移动方便，也可作为边几使用。

常规款单人沙发

欧式或美式单人沙发

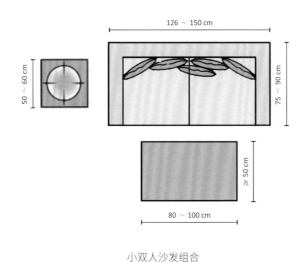

小双人沙发组合

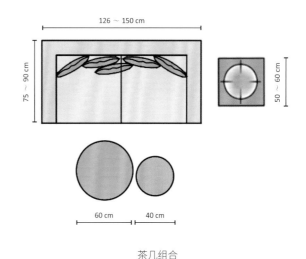

茶几组合

大双人沙发的长度为 160 ~ 200 cm，深度一般为 85 ~ 105 cm。搭配的茶几长度是 100 ~ 120 cm，宽度不小于 60 cm。

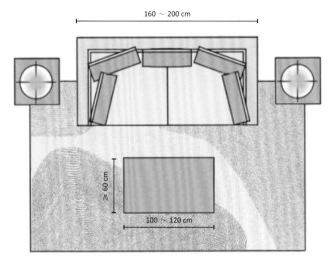

大双人沙发组合

大三人沙发的长度为 210 ~ 240 cm，深度与大双人沙发一样为 85 ~ 105 cm。适合搭配的茶几长度一般为 120 ~ 140 cm，宽度为 70 ~ 80 cm。当选择一大一小组合式的茶几时，两个茶几的总长度不应超过 140 cm。

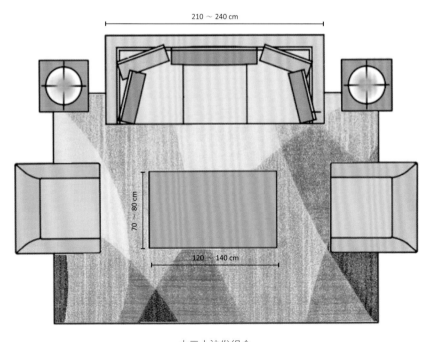

大三人沙发组合

室内空间较大的客厅可摆放四人沙发，四人沙发长度为250～270 cm，常与双人、单人的沙发组合搭配。如右图所示，当采用"4+2+1+1"的沙发组合时，可选用组合式的茶几摆放形式。例如，两个140 cm×70 cm的茶几组合较合适，或是一大一小的圆形茶几组合，空余的地方还可以随意增添一些单人沙发或者角几。

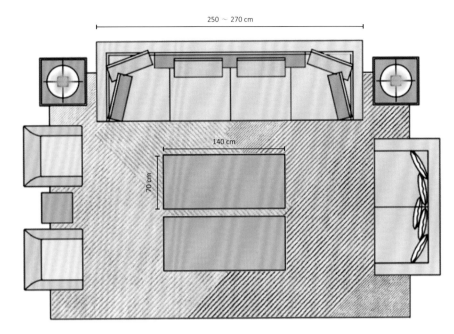

四人沙发组合

转角沙发节约空间，常见的转角沙发尺寸有长度270 cm、宽度180 cm的，也有长度340 cm、宽度180 cm的，还有更长的，例如，意式沙发的长度为340～400 cm，侧边宽度尺寸依据款式而变化。可随意与单人沙发搭配组合，与茶几的组合形式更多样化。

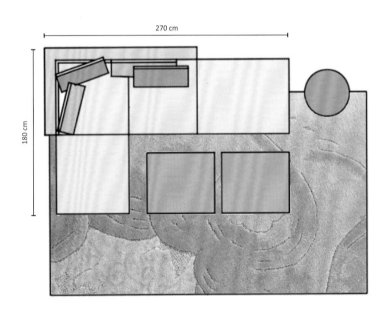

转角沙发组合1

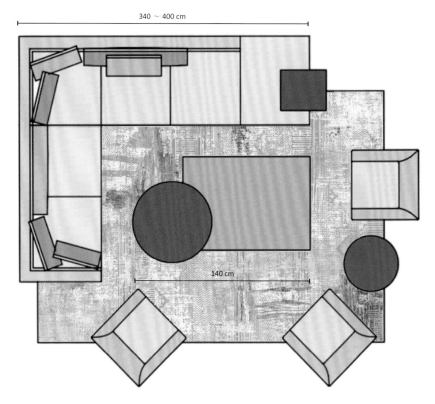

340 ～ 400 cm

140 cm

转角沙发组合 2

2. 餐厅区域

餐桌分四人、六人、八人及十人以上座位，最常见的是四人餐桌和六人餐桌。对坐双人餐桌的长度不小于 70 cm，宽度不小于 60 cm；并排坐双人餐桌的长度至少为 120 cm，宽度不小于 45 cm。四人餐桌的长度为 120 ～ 150 cm，宽度为 75 ～ 100 cm，六人餐桌的长度是 180 ～ 210 cm。

≥ 70 cm

≥ 60 cm

双人餐桌

对坐双人餐桌的尺寸

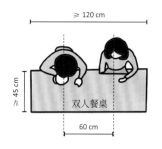

≥ 120 cm

≥ 45 cm

双人餐桌

60 cm

并排坐双人餐桌的尺寸

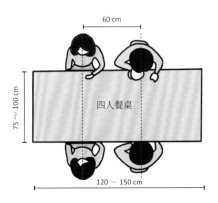

四人餐桌的尺寸

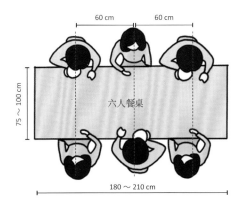

六人餐桌的尺寸

长方形餐桌的宽度一般为
80～120 cm，可以结合家中人口的
数量以及室内空间的大小来选择尺寸
合适的长方形。餐桌的宽度不应低于
75 cm，当小于75 cm宽时，空间
将较局促。

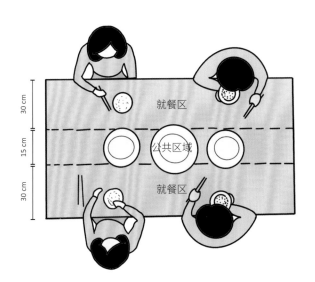

当餐桌宽度为75 cm时，公共区域仅可以摆放一排常用
碟子，桌子两端重叠严重，使用不便

餐桌的高度一般为72～75 cm。
四人餐桌的餐椅，可以选择不同款式
或者不同颜色的餐椅组合，更具有时
尚艺术感。六人以上的餐桌可以采用
长凳与单人餐椅的组合。

圆餐桌的尺寸按照圆形桌面
的直径划分，有60 cm、80 cm、
100 cm、135 cm、150 cm等。

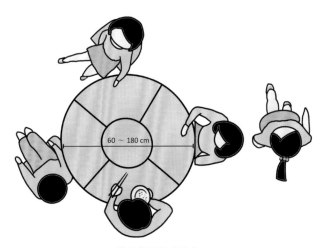

常用的圆餐桌尺寸

3. 卧室区域

床的常规宽度尺寸有 120 cm、150 cm、180 cm、200 cm，长度依据不同的款式、靠背和床尾的尺寸而变化，一般床的长度为 200 ～ 240 cm。如果卧室空间较小，不宜选择靠背太厚或者有床尾的床。

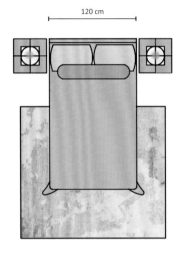

单人床的宽度尺寸

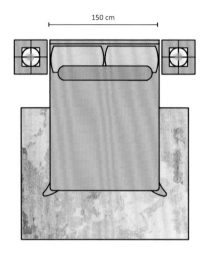

紧凑型双人床的宽度尺寸

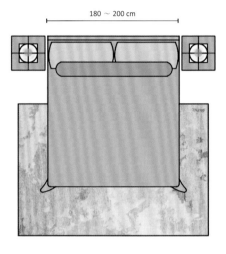

宽松型双人床的宽度尺寸

3.2.2　家具与空间的尺寸关系

在室内家具的选择上，常常出现几个问题，主要表现在以下几点：家具的尺寸比例不协调、家具缺乏使用功能、家具与空间整体风格及色彩基调不搭配等。因此如何合理规划空间的家具布局变得尤其重要，选择家具要综合考虑空间的使用功能、风格色彩、视觉角度、业主的生活方式等因素。

家具与空间的尺寸关系如下页图。小户型空间涵盖了不少尺寸比例关系：餐桌到墙面之间的宽度不小于 60 cm；主通道一般是不小于 100 cm 宽；茶几到沙发的距离不小于 30 cm；沙发与窗帘之间的距离至少需要 30 cm，这是刚好一个人侧身可以过去的宽度。

家具与空间的尺寸关系

1. 客厅区域

客厅活动区域，沙发与茶几的距离至少要有 45 cm，才可以舒展双腿；沙发距边几的距离要在 45 cm 以内，才能轻松拿到边几上的物品；双人并排走过茶几与电视柜之间的距离至少需要 90 cm。

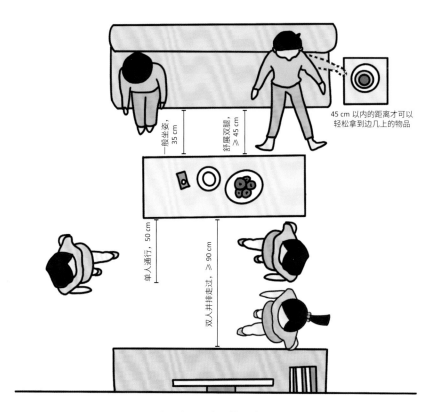

客厅家具与空间的尺寸关系

2. 餐厅区域

进餐时与邻座的间距至少要有 60 cm，靠墙的餐桌进深至少 45 cm，人腿到餐桌桌面下表面的适宜高度是 19 cm，有扶手的餐椅较难塞进餐桌下边，占用空间较大。男士座椅的高度在 45 ~ 46 cm 之间，女士座椅的高度在 40 ~ 43 cm 之间。

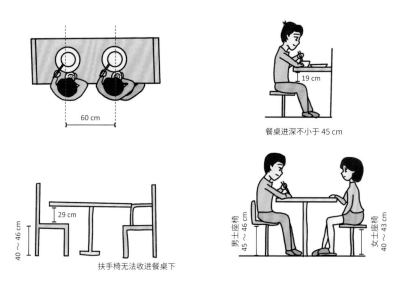

餐厅家具与空间的尺寸关系

3. 卧室区域

卧室过道与客厅同样需要预留 50 cm 的宽度，人舒适走动时的宽度刚好是 50 cm。如果通道的宽度没有办法保持在 50 cm，那么至少要有 30 cm 宽，刚好是一个人侧身通行的尺寸。

当卧室中摆放两张床时，床与床之间的距离至少是 50 cm，这样刚好可以在中间摆放一个床头柜。

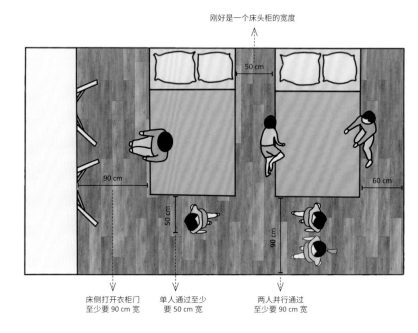

双床的摆放与人的动线关系

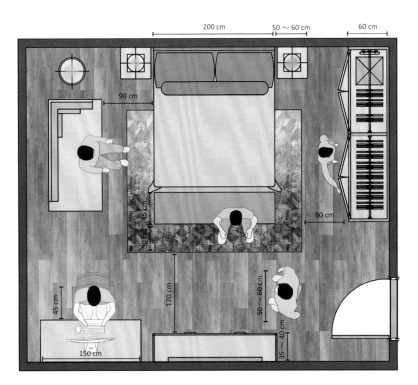

豪华型卧室空间常见尺寸

4. 卫浴空间

浴室、卫生间、洗手台、洗衣区等场所统称为"卫浴空间"，卫浴空间的大小与人的行为动作关系密切。坐便器区的最小尺寸为 90 cm×110 cm，坐便器前方要预留 45～50 cm 宽，两侧预留 20～25 cm 宽，方便使用者腿部摆放与活动。洗手台的标准宽度为 60 cm，高度以 80～85 cm 为宜，洗手台最外边距其他物品应预留 60 cm 宽，可容纳使用者站立或弯腰时的尺寸。

方形淋浴房的最小尺寸建议为 90 cm×90 cm，适宜的尺寸为 100 cm×100 cm。一般浴缸高度为 60～65 cm，宽度为 70～80 cm，半躺式浴缸长度宜为 160 cm，全泡式浴缸长度宜为 180 cm，进入浴缸前的最小过道宽度为 60～110 cm。

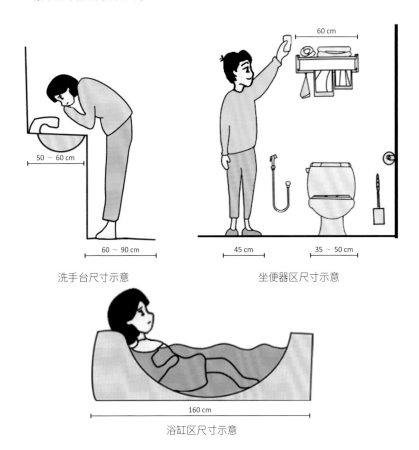

洗手台尺寸示意

坐便器区尺寸示意

浴缸区尺寸示意

5. 厨房

厨房是生活用具最集中的场所，料理的操作是有顺序的，遵循"清洗、切剁、烹煮、装盘"的行为动线。在厨房烹饪、洗碗、收纳碗筷及用具时，使用者站着操作的时间较多，为了减轻家务劳作，一定要根据使用者的具体情况来选择合适的水槽、灶台高度。操作台的高度为身高的一半，操作台的进深要考虑手可以够到的距离，大概在 55 ~ 60 cm 之间。冰箱前方应预留 90 cm 宽的空间，冰箱后应预留 8 ~ 10 cm 宽的距离，因为压缩机需散热，不能贴墙摆放（底部散热冰箱除外）。

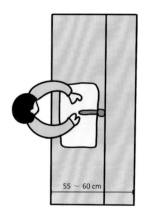

55 ~ 60 cm

操作台进深

操作台高度为身高的一半

厨房的操作范围

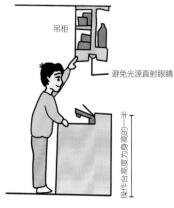

吊柜

避免光源直射眼睛

操作台高度为身高的一半

橱柜的高度

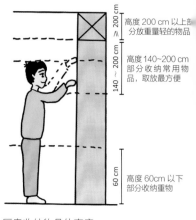

≥ 200 cm 高度 200 cm 以上部分放重量轻的物品

140~200 cm 高度 140~200 cm 部分收纳常用物品，取放最方便

60 cm 高度 60cm 以下部分收纳重物

厨房收纳物品的高度

专栏 1

家具用品的日常保养技巧

序号	家具类型	保养技巧
1	木质家具	最大优点在于温润的质感和多变的纹理。在日常使用中应避免将饮料、化学物品或过热的物体放置在表面，以免损伤木质表面的色泽。定期对木质家具表面进行清洁及打蜡，不宜使用尖锐的工具来清理，可以使用干燥、柔软的纯棉抹布轻轻擦净表面的浮灰。每隔一段时间用干净的棉丝抹布浸水拧干后擦拭灰尘，最后用干燥的软抹布擦干即可。在给家具打蜡的时候，一定先把家具表面的水分擦拭干净，要选择不含过多化学腐蚀成分的蜡
2	皮质家具	一般每周一次或两次用干布擦拭即可，用吸尘器清扫死角，洒到皮质家具上的液体要及时用干净吸水的干布擦拭清理。在擦拭沙发时，避免使用碱性清洗液，不要将皮质家具放在阳光直射的地方或者空调直接吹到的地方。每年一次到两次用潮湿的海绵对皮质家具进行彻底清理，然后用无色专业皮革油擦拭
3	布艺家具	避免阳光直射，平时可用干毛巾拍打，每周至少吸尘一次，沙发的靠背与背后的墙壁最好留有 5 mm 的间隙。若看到面料有纤维丝头翘起，不要用手拉扯，应当用剪刀整齐剪平。如果沾到饮料酒水，可先用纸巾擦走水分，再用温水溶解中性清洗剂擦拭，并用干净的软抹布擦干，最后进行低温烘干
4	金属家具	在搬运过程中要小心轻放，摆放位置应避免阳光直射，不可摆放在潮湿处，更不要与水接触。要经常用干棉丝抹布或者细布擦拭，保持光亮和美观。已有生锈处，可用棉丝或者毛刷蘸取机油涂在生锈处，片刻后再进行擦拭，直到锈迹清除即可，千万不可用砂纸打磨
5	藤编家具	用久了会积攒很多灰尘，可以用软毛刷从内向外清除灰尘。如果污渍严重，也可以用家用清洁剂擦掉，最后再擦干净。摆放位置应避免阳光直射，避免靠近火源和热源。如果藤编家具污迹很重，可以尝试先用肥皂等清洁剂擦洗家具，之后用干软布擦干。因使用时间长产生的积垢，可以用刷子蘸上小苏打水轻轻地刷。户外的藤编家具收起来之前需要用非泡沫清洁剂清洁，冲掉残留的清洁剂和污垢，防止霉变

4

软装的灯光运用

灯光是一个空间的灵魂，在营造软装搭配的氛围中占据着重要地位。在居住精细化的需求下，人们对照明的诉求也从基础的点亮环境上升到营造氛围，追求更为个性化、舒适的家居照明环境。灯光的变化能够更好地强调家居中陈列的层次感，不同的灯具、灯光布置系统与室内环境相结合后可以形成不同的氛围，影响居住者的心情。

4.1　软装灯具的选择

4.1.1　灯具的分类

软装灯具主要是指室内空间中可以移动的灯具。天花板上的灯带、筒灯是硬装部分要做的，软装的灯具主要是指氛围灯和装饰灯，比如天花板上的吊灯或者是吸顶灯，以及落地灯、台灯、壁灯。

灯具分辅助式的光源和直照式的光源。辅助式的光源是指可以营造氛围的灯具，比如落地灯、壁灯、台灯。直照式的光源是指吊灯类和吸顶灯类。

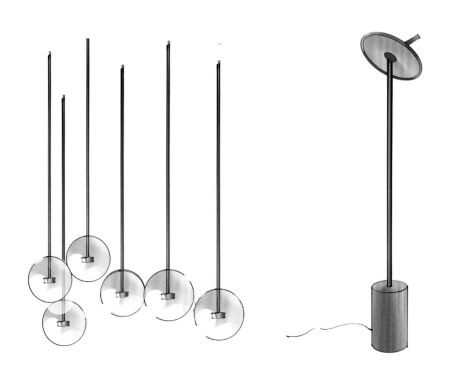

直照式的光源　　　　　　　　　　　　辅助式的光源

灯具按照发光类型可分成以下三种：全方位扩散型、遮光型和透光型。

全方位扩散型灯具一般发光面积大，呈 360°发散光源，通常使用玻璃灯罩，适用于各种类型的空间，但最好不要使用在餐桌的正上方。这种灯适合悬挂得高一点，空间灯光扩散得大。

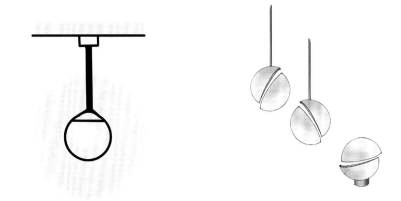

全方位扩散型灯具：发光面积大，不太刺眼

遮光型灯具是向下聚光的，不会向上扩散灯光。通常这种类型的灯适合用在餐桌上，比较适合悬挂得低一点。这样人坐在餐椅上，不会从侧面看到光，只能看到一个向下的光源，也就不会刺眼。如果用遮光型灯具作为光源，那么天花板上最好要有其他灯具，否则周边看起来会有点暗。

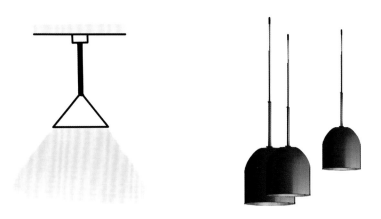

遮光型灯具：向下聚光，不刺眼，悬挂高度低

透光型灯具的主要光源还是向下发散的，但是也会从侧面或者上面透出一些光线。布料或者亚克力的塑料材质灯具会有一点透光，适用的空间非常多。如果天花板上没有做其他灯具，那么可以选择这一类型的灯。

透光型灯具：上下均透光，光线往下照射得多

灯具类型对比

灯具类型 （按发光类型分类）	光源特点	安装要求	适用场景
全方位扩散型	360°发散光源	悬挂高度高	任何空间
遮光型	向下聚光	悬挂高度低 （天花板上有其他灯具）	餐厅
透光型	上下发散	无安装要求	客厅、餐厅

4.1.2 如何为室内各空间选择最佳照明方式

1. 了解照明的类型

环境照明

环境照明是空间的主要照明，强调均匀地垂直照明、水平照明，能够提供舒适的亮度，确保行走的安全性，目标是让家中每个角落的光线都充足。吊顶灯带、柜体灯带、人体感应灯都属于环境照明，也叫氛围照明。环境照明是最基础的照明布局。

图中的灯带都属于环境照明（图片来源：桐里空间）

重点照明

重点照明有助于突出室内的特定功能，强调物品表面、空间区域，创建有层次结构的重点光源，用于吸引观察者的注意力，显示和强调物品细节。射灯一般用作重点照明，可突出空间的亮点。射灯细分为天花射灯、格栅射灯、轨道射灯、小射灯、焦点射灯、磁吸射灯、圆形射灯和方形射灯。在家里，重点照明可以提升家居氛围感，又或者用它对挂画、雕塑、装饰品以及小景进行照明，同样可以对墙面及窗帘进行重点照明。

图中的射灯属于重点照明（图片来源：桐里空间）

装饰照明

装饰照明强调装饰、搭配和审美，可以选用装饰性灯具。台灯、吊灯、落地灯、壁灯都属于装饰照明灯具，用于衬托空间装饰效果。

吊灯、落地灯属于装饰照明

壁灯、台灯属于装饰照明
（图片来源：菲拉设计）

2. 如何选择室内各空间的色温

照明光源按照色温可以大致分为低色温、中色温、高色温三大类，当光的颜色越接近红色时，色温越低，越接近白色时，色温越高。不同色温营造出的室内气氛也会不同。

色温变化，光的颜色也随之变化

低色温 ←

中色温 ←

高色温 ←

室内照明的色温变化效果

各空间区域适宜的色温

区域	特点	色温	灯光效果
客厅	客厅的主要功能是会客	4000 ~ 4500 K	明亮，营造温馨高雅的空间氛围
餐厅	作为家中的就餐区域，灯光最好选择暖色调，会让人更有食欲	3000 ~ 3500 K	既不让食物失真，又营造了温馨的就餐氛围
卧室	灯光要求温馨、私密，达到舒适放松的效果，以暖色光为主	3000 ~ 3200 K	提供基础照明，同时营造浪漫氛围
书房	阅读办公的区域，需要宁静氛围，最好不要使用过暖的灯光，不利于精神集中	4000 K 左右	不过冷，也不过暖
厨房	需要保持基础照明，还需要兼顾洗、切、煮区域的重点照明，最好使用能够还原食材本身颜色的照明光源	4000 ~ 5000 K	还原食物本身的颜色
卫生间	日常使用频率高，考虑其特殊功能性，灯光不能过暗或失真	3000 ~ 4000 K	明亮的暖光让人身心放松

4.2 家居空间的灯具
如何选择

4.2.1 客厅灯光及灯具选择

客厅是住宅的中心，也是活动最频繁的区域，是集聚会、聊天、阅读、观影等多功能为一体的空间。客厅照明应兼具功能性及艺术性，环境照明为客厅空间提供均匀的基础光线，确保正常的活动；重点照明可以对特定区域进行局部照射，比如装饰画；装饰照明可以强调客厅空间的装饰艺术。

重点照明

环境照明
装饰照明

客厅同时采用三种类型的照明方式（图片来源：宏福樘设计）

用光线柔和的装饰吊灯满足客厅基本照明需求，同时增加灯带和落地灯，又在装饰画及阅读区域增加重点照明。进行合理的灯光布局，可以在装饰的同时，让客厅的氛围更有层次感，尽可能把灯光错落分布在客厅空间的高、中、低位置，能够让灯光在整体中富有节奏变化感。

高位置的灯光

中位置的灯光

低矮的灯光

客厅灯光布局以低矮的落地灯为主，层次感不强

灯光高、中、低布局，增加层次感，整体氛围感强

4.2.2　餐厅灯光及灯具选择

好的餐厅灯光会拉近与美食的距离，能制造重点，增加食欲。在餐厅使用全方位扩散型灯罩的灯具，如吸顶灯，光源发散让餐厅没有焦点，那么餐桌上食物的色泽也不会特别明显，让人没有食欲。如果餐厅使用向下发光的遮光型灯罩的灯具，灯光聚焦到食物上，能凸显食物本身的色泽，勾起食欲，再加上周围的装饰灯光、灯带或射灯，能够更好地营造出轻松、温馨的就餐环境。

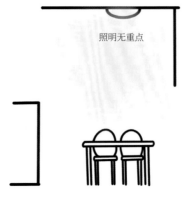

照明无重点

射灯均匀分布，光线柔和，营造了轻松的用餐氛围

吊灯拉近与美食的距离，制造重点，增加食欲

全方位扩散型灯罩的灯具光源发散，无法体现物的色泽

遮光型灯罩的灯具灯光聚焦感强，能强调餐桌上的食物

餐厅空间多以环境照明和装饰照明为主，西餐多以重点照明为主。用餐时为提高食欲，可以采用高显色指数的光源。

重点照明 ←------

环境照明 ←------

装饰照明 ←------

采用三种照明方式，增加餐厅整体的层次氛围（图片来源：菲拉设计）

4.2.3　卧室灯光及灯具选择

卧室多采用低照度、低色温的照明灯具，环境照明能满足人们正常的睡眠需求；重点照明可以设计在梳妆台、阅读区或更衣区，突出某一个区域的照明，降低其他区域的照明。

环境照明 ←------

装饰照明 ←------

重点照明 ←------

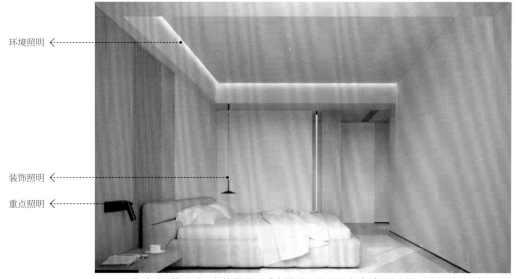

卧室采用环境照明、装饰照明、重点照明三种照明方式（图片来源：宏福樘设计）

不同灯光层次与灯具组合的搭配，温馨且舒适（图片来源：合肥行一设计）

床头灯带具有洗墙效果，阅读灯光照在床上的明暗变化，让卧室更有高级感（图片来源：美纵室内设计）

如果有睡前阅读或浏览信息的习惯，那么在床头可以适当安装壁灯。如果床头左右各安装了一个壁灯，那么建议开关分开操作，会更方便一点。常规壁灯离地高度是 1.5 ~ 1.8 m，卧室的壁灯高度离地 1.2 ~ 1.4 m，高于人躺在床上的高度。卧室的灯具可以选用可调节的台灯或者小夜灯，能让人更好地入睡。

床头处的灯光烘托出静谧温馨的睡眠氛围
（图片来源：习本设计）

壁灯安装在床的侧面，避免灯光对人眼产生不必要的刺激

4.2.4 卫生间灯光及灯具选择

卫生间灯光主要分布在干区、湿区。干区的照明主要是台盆上方的灯与镜前灯。这个区域需要有均匀柔和且能够照亮面部的光线来满足日常的洗漱、化妆等需求。在台盆上方设置一盏射灯，用来照亮台盆区域，同时面部需要镜前灯作为补光灯，足够的光源让五官更有立体感，建议采用高显色指数的光源。为了增加氛围，可以布置装饰小吊灯或壁灯，也可以布置线形灯带，为周边提供局部的照明。

在坐便器上方布置一盏内嵌灯或在后方布置灯光系统，让光线投射到墙面上，避免人在坐便器上投下光影，同时可以美化墙面。

在台盆上方布置射灯及镜前灯，打造有氛围感的卫浴空间（图片来源：宏福橙设计）

在坐便器后方布置线形灯带（图片来源：宏福橙设计）

在湿区，沐浴时对光线要求并不高，在淋浴区或者浴缸的上方安装一盏内嵌灯就足够，可以安装在花洒前方。卫生间的灯带可以在天花上布置，富有氛围感，让人卸下一天的疲惫，身心愉悦。

在淋浴区的花洒上方布置射灯（图片来源：菲拉设计）

在浴缸上方布置小吊灯，增加情趣（图片来源：合肥壹研设计）

4.3 如何照好一面墙

4.3.1 墙面挂画的灯光布置

墙面上的一幅画或是多幅挂画需要布置灯光时，要考虑灯光与墙面的关系。这里说的墙不是真正意义上的墙，而是灯光需要打到的立面，有些地方是镜柜、吊柜、书架等，都以最外的立面为准。

在选择灯具时要考虑吊顶的宽度和离墙的距离。离墙的距离对灯光的光束角大小、高低都有影响。射灯距墙面的标准距离是 30 cm，轨道灯距墙 80 cm 时效果最佳。这个范围的光束效果既可以满足中心光的强弱，又可以使光弧出现舒适的效果（此范围并非适用于所有的空间，可依据空间大小适当调整）。

灯光与墙面挂画的关系

不同品牌不同系列的射灯，形成的光束角会有所差别。如下图，左边的光影柔和，边缘没有那么清晰；中间的光影有明显的叠影；最右边的光影边缘清晰，但没有明显的叠影。其实这些都适合用在空间里，具体需要按照搭配需求和灯光的色温来选择。遇到较强烈的灯光，若距离墙面太近，很容易让墙面上的装饰画过度曝光。

不同射灯的光影效果

4.3.2 墙面窗帘的灯光布置

若窗帘区没有做窗帘盒，便可以使用射灯。离墙近可使用筒灯，打出来的光束相对柔和。射灯的光线较清晰，比较聚光，但若离墙太近，可能会造成眩光。

当窗帘区有窗帘盒时，在窗帘盒里设计暗藏灯带是比较合适的。暗藏灯带的光由上而下散落开来，瞬间让窗帘的质感温柔恬静起来，营造出温馨且优雅的韵律。

将内嵌射灯用在窗帘区，会产生暗面死角 　　无窗帘盒时，筒灯只能照亮窗帘上半部分 　　暗藏灯带的光较为温馨柔和

以下是窗帘盒暗藏灯具的四种线条灯的布局方法：垂直向下发出的光线分布均匀且亮度强；45°倾斜发出的光由上到下过渡自然，营造出渐变光的效果；侧面出光及向上出光大多集中在窗帘的上半部分，侧面出光的光线范围较少。

从上到下照亮

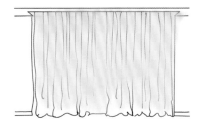

垂直向下出光
窗帘从亮变暗，完整呈现窗帘轮廓

照亮窗帘上半部分

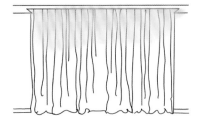

45°倾斜出光
窗帘从亮变暗，上半部分亮，下半部分暗

装在侧面，出光少

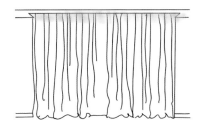

侧面出光
照亮窗帘的区域较少

在灯槽内安装

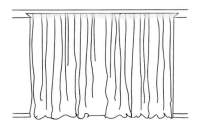

向上出光
光线经过反射而产生，仅照亮窗帘顶部

专栏 **2**

四种洗墙线形灯

光影是塑造物体立体感的关键。在空间设计中，一面肌理感较强的背景墙在没有灯光的情况下，肌理感并不明显。如果用一组洗墙灯在顶部照射，那么墙面的上半部分就产生了高光，下半部分产生了阴影，因此大大增强了凹凸不平的墙面的肌理感。当需要加强表达墙面材质肌理的质感时，利用洗墙灯增加立面照度，可以让空间显得更加明朗，常用在有会客需求的空间，如客餐厅及接待室等。

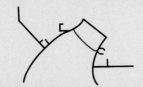

第一种：灯光柔和，平顶不做灯槽

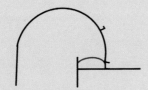

第二种：光源更加发散，灯光更柔和，可作为一般照明或者氛围灯使用

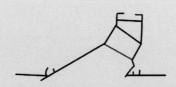

第三种：同第一种的作用，但发光灯管直接往下照射，灯光较硬朗

第四种：灯光装饰效果好，一般作为小区域灯带使用，主要是在墙面上发光，营造空间氛围

5

创造摆放多样化的艺术空间

想提升家居品位，让空间更富有艺术感，不妨巧妙添置软装饰品。小小
的摆件可以营造出家居空间的艺术氛围，让家充满活力和趣味，同时串联起
居住者的情绪、爱好和生活方式。家居空间中，一幅抽象的装饰画、朴实无
华的陶瓷花瓶或带有玻璃容器的香薰蜡烛，不仅丰富着空间的层次，更能打
造出意想不到的空间美感，是点亮家居空间中纯粹和精妙的设计语言。

5.1　装饰品的陈设与选择

5.1.1　电视柜上的装饰品摆放

电视柜是整个客厅的视觉焦点，除了摆放电视机以外，还可以巧妙搭配一些装饰品来增加整体空间的风格特点，多以工艺品、雕塑、花瓶、花艺绿植、摆件等为主。利用形态自然的多肉植物或小型观叶植物可以给客厅带来一分自然与清新。具体如何摆放也是非常重要的。在陈设手法上，先将装饰品依次放在电视柜上。

平铺摆放方式，会让整个画面显得比较死板、不协调且毫无美感

可利用黄金比例进行构图，上图中三件装饰品正好是高、中、低三个不同的高度，不要直接高、中、低平铺摆放，要形成一个"回旋"的状态，这样摆放在一起的错落感才会显得很别致。

低　　高　　中

黄金比例摆放方式

5.1.2　玄关台上的装饰品摆放

1. 形式感弱的装饰品，采用高、中、低的错落摆放方式

若是三个以上形式感比较弱的装饰品，可采用高低错落的摆放方式，如下图。一些形态简单的装饰品，比如像下图中的花瓶或者某些简单的几何形体，可以采用高、中、低的错落摆放形式。

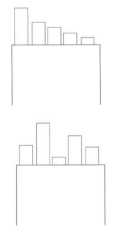

上图为错误示范，没有高低起伏变化，比较单一；应按照下图高低错落摆放

花瓶或简单的几何形体可高、中、低错落摆放

2. 形式感强的装饰品单一摆放

形式感强的装饰品，单个摆放即可。例如售楼部或酒店前台位置，不会摆放很多东西，一盆花或者一个台灯即可，位置偏向于左边或右边。

形式感比较突出的装饰品单个摆放，并处于装饰台面偏一侧的位置

3. 体量较大的装饰品对称摆放

若是层高较高的室内空间，例如售楼处、酒店大堂，需要体量较大的装饰品造型，则可以采用两端高的对称手法。

以对称的手法摆放台灯，画面稍显稳重

5.1.3　茶几上的装饰品摆放

　　茶几上装饰品的摆放同样要形成高、中、低的错落感。在茶几上，整组装饰品中处于最高点位置的一般是花艺，高度不超过 55 cm。茶几高度一般是 40 cm，人的坐高是 45 cm，坐在沙发上的视线范围在 110 ~ 120 cm 的高度，前方的物品要稍微比人的视线低一些，在茶几上的装饰品总高度在 95 ~ 100 cm 之间，这样是比较合理舒适的。

　　选择茶几上的小件装饰品时，需要注意茶几的材质。当茶几是大理石的材质时，装饰品要避免用石材和金属材质，可以采用陶瓷或木制品，起到软化的作用。

　　茶几上装饰品的颜色，也要在室内的软装中找色彩关系。茶几上出现的蓝色和红色是基于周边有这个颜色而存在，能够相互呼应。如果室内空间中没有用到绿色，绿植在空间中也是可以被接受的。

茶几上的装饰品整体偏矮，最高点的绿植高度是 50 cm 左右（图片来源：美纵室内设计）　　　　茶几上的装饰品要与周围的颜色相呼应（图片来源：素造软装）

随着现代简约风格的盛行，茶几上不再适宜摆放太多细碎的装饰品，可以用一个托盘，在上面摆放一些酒具、茶具，搭配花艺，也可以是简单的咖啡杯加几本杂志。

托盘与花艺的结合（图片来源：素造软装）

杂志与咖啡杯的组合陈设手法（图片来源：桐里空间）

采用托盘收纳装饰品

5.2 墙面装饰的运用技巧

5.2.1 装饰画的分类挂法及尺寸比例

1. 装饰画横向挂

装饰画总尺寸不小于沙发或床长度的2/3，但不能超过沙发或床的总长度。如果沙发长度为2 m，则装饰画的长度在1.4～2 m之间，高度以人的视线高度为准。装饰画常见尺寸有：50 cm×140 cm、60 cm×180 cm、70 cm×200 cm。

装饰画总长度不超过沙发且不小于沙发总长度的2/3

2. 装饰画竖向靠边挂

单幅竖向装饰画不做居中摆放，采用靠边挂法，长度是沙发或床长度的1/3左右。如果沙发长2 m，则画的长度在70 cm左右，高度以画芯比例为准。装饰画常见尺寸有：70 cm×110 cm、70 cm×120 cm、80 cm×120 cm。

单幅竖向装饰画靠边悬挂

3. 装饰画竖向落地

竖向落地装饰画的摆放位置以墙面为基准，长度是墙面长的 1/3 左右。如果墙面总长为 4 m，则装饰画的长度在 1.3 m 左右。高度以画芯比例为准，一般不超过 2.2 m。

在墙面长度的 1/3 位置处落地摆放竖向装饰画，常用于简约风格

4. 装饰画竖向居中挂

当室内净高大于 5 m 时，墙面装饰画可采用竖向居中的摆放方式。比如酒店等有较高的室内净高，则以距离柜子或者沙发 50 cm、距离天花至少 70 cm 的位置居中摆放装饰画，可根据现场情况适当调节比例。

居中悬挂装饰画，装饰画距离沙发靠背的距离至少为 50 cm

净高较高的空间背景墙面，装饰画竖向居中悬挂更显大气（图片来源：桐里空间）

5.2.2 墙面装饰品的摆放技巧

1. 重复摆放

重复摆放的装饰画内容简单并且色彩单一，形式感较弱。

重复摆放装饰画

2. 组合摆放

组合的装饰画摆放方式可分为水平线挂法、放射性挂法、建筑结构线挂法、错位叠放等。组合的装饰画最好不超过 5 幅，否则会显得零碎、混乱。若存在 5 幅以上的装饰画，可以让其中 2 ~ 3 幅挂画的尺寸稍大一点，会显得整体大气，空间协调。

水平线挂法

放射性挂法

建筑结构线挂法

如果采用错位叠放的方式，则要注意叠加的装饰画颜色不宜太多，画芯的内容需有强弱对比，一般只突出一幅，其余装饰画尽量选抽象画或中性色调。最大幅装饰画长度在墙面长度的 1/3 左右，中幅比大幅长、宽尺寸各小 1/3，小幅比中幅长、宽尺寸各小 1/3。选择错位叠放的方式，注意一定要形式简单。

错位叠放的装饰画颜色不宜过多，突出重点装饰画即可

3. 墙面挂件的尺寸及比例

装饰柜上方的挂件长度不小于装饰柜总长度的 2/3，不大于装饰柜的总长度。如果装饰柜长 1.5 m，那么图形挂件的直径不能小于 1 m，但不能大于 1.5 m，太小容易比例失衡，不协调。

圆形挂件巧妙营造轻盈感

一些酒店的墙面偏长、偏高，有时候不一定适合使用装饰画，因为装饰画没有办法做到体量很大，那么就可以考虑用挂件来替代。挂件有很多不同的方式呈现主题，比如植物叶片或者做集合现代感的造型。挂件的尺寸以墙体尺寸为基准，总长度不小于墙面总长的 2/3，整体接近墙体总长的 80%。

不同材质的挂件表现的主题不同，可增强墙面延伸感

小贴士　装饰画、挂件的摆放注意要点

（1）沙发靠墙摆放，墙面的挂件不能太突出，挂件的厚度一般不超过 10 cm。如果厚度超过 10 cm，那么人坐在沙发上时，会感到头顶上方很有压力。

（2）墙面挂件的布局，一定要在 CAD 图纸上提前放样。

（3）根据家具的材质和颜色来选择画框，与空间内的材质相互呼应就可以。画框的材质分为 PU、金属、实木三种。

（4）墙面装饰画的中心点就是画芯的位置，在人的视线高度，即 1.5 ~ 1.6 m 的位置。

（5）两幅装饰画之间的距离为 5 ~ 10 cm；超过三幅以上的组合装饰画，间距在 5 cm 左右。

5.3 陈设布置的艺术

5.3.1 从形态上分析选择

1. 摆放形式简单的装饰品

在室内空间陈设中，当装饰画、柜类的图案较复杂时，选择的装饰品图案要相对简单，能够体现有主有次的氛围。当装饰背景和装饰柜的色彩较丰富且多样时，台面上摆放的灯具及装饰品尽量选择色彩单一的组合。避免颜色过多而让人产生视觉疲劳，以及不够协调统一的问题。

玄关柜和装饰画的图案较复杂多样，适合摆放颜色单一且造型简约的台灯

2. 摆放装饰品要打破常规

当选择较大尺寸并且是单一图形的装饰造型时，如圆形、方形或不规则的形状，台面上的装饰品则需要以不同的形状打破背景造型的规律感，让空间显得灵动、有趣、不沉闷。常用的是不规则的雕塑造型、高挑散开的枝叶造型等。

运用了不规则花艺造型，打破了空间的规律感（图片来源：习本设计）

5.3.2 从色彩上分析选择

1. 摆放装饰品的色相不超过三个

台面上装饰品的颜色不宜过多，尽量保持在三个颜色以内。如果超过了三个色相，会显得视觉杂乱，无法突出陈列重点。在现代的风格中，更是力求色彩和造型的简约美感。

采用了三个以上的色相，且饱和度较高让人感觉眼花缭乱

2. 装饰品与其他装饰物之间的关系

在选择与布置装饰品时，多和空间周围的物品找呼应，比如，台面上的装饰品与墙面的造型、花艺与装饰柜的颜色关系等。所有的色彩都不是孤立存在的，选择好主要的色调后，周围的装饰品和花艺的颜色可以选择相同颜色或邻近的颜色。

花器和台面上装饰品的颜色与装饰画协调一致（图片来源：宏福樘设计）

卧室玄关柜上的花器与床上的抱枕、床品的颜色协调呼应（图片来源：艺烁空间）

当装饰画和装饰柜都是中性色彩的时候，台面上的装饰品不再受其他颜色的影响，既可以选择中性色彩的装饰品，也可以用单一的颜色来呈现。单一的颜色可以是任意色相。

装饰画、装饰柜都是黑白色，右侧的装饰品完全可以用单一的颜色

3. 装饰品可采用邻近色或者对比色结合稳定色的搭配法则

　　台面上的装饰品颜色除了选择中性色以外，还可以尝试其他两种配色方案。邻近色配色方案，即用相邻的颜色进行搭配，比较容易形成协调统一的视觉感受。如果想打造具有强烈冲击力的氛围，则可以采用对比色配色方案，即用色盘上呈 180° 处于对立的颜色进行搭配，并加入用来稳定空间的色调。稳定色可以是一些较深的颜色，如黑色。

装饰品采用暖褐色与蓝色的对比颜色，雕塑的深色作为稳定色

绿色装饰画、台面上的蓝色花瓶以及地毯的蓝灰色，构成了邻近色配色方案

5.3.3 陈设小品的布置要素

1. 遵从"三、五、七"的奇数组合原则

装饰品总是以奇数组合在一起。物品的奇数组合比偶数组合更让人感觉赏心悦目。相似色的物品组合在一起可以打造协调的视觉氛围，在一个小品中重复使用一种颜色，也是最安全的手法。

三个装饰品的组合

五个装饰品的组合

2. 用细长的造型装饰品拉伸室内的纵向高度

在室内空间中，当净高较高时或需要突出装饰品的整体造型感时，可以选择细长的台灯、细高的花瓶或者利用散开的枝叶类花艺造型来提升空间的纵向高度。根据净高及背景整体的画面氛围来选择最佳体量及高度的装饰造型，才能丰富空间的基调。

较高的花艺造型在视觉上提升空间高度，打造视觉重心

散开且细长的花艺拉伸空间的纵向高度（图片来源：合肥壹研设计）

3. 装饰品造型横竖交错，增加整体的层次感和体量感

　　台面上的装饰品横竖交错在一起，高低重合，当低位的装饰品存在感不强的时候，为了增加整体陈设小品的层次感和装饰物的体量感，在装饰品下垫上一摞书，整体的造型感瞬间就提升了。这是室内陈设中最常用的手法之一，再遇到装饰品高度不足的时候，不妨试试这个小方法。

在装饰品下方垫上两本书，更有层次感

垫上一摞书后，装饰品高度更协调　（图片来源：云深空间）

4. 将装饰画或装饰挂件作为空间的主体元素

选择与空间主题相关的装饰品，或是有纪念价值、特殊意义的装饰品来丰富空间情感。在复古风格的室内，墙面上的吉他、艺术装饰画、桌子上的复古音响和黑胶唱片机完美地诠释了音乐主题元素。艺术氛围与家的温馨相互融合共鸣。

用乐器装饰空间墙面，展示个人的爱好及品位（图片来源：云深空间）

简约的几何线条与低饱和度的色调，随性又治愈，仿佛走进了杂志里的家 （图片来源：云深空间）

专栏3

构图的黄金分割比例

黄金分割构图法的基本理论来自黄金比例1：0.618，这个比例在生活中比比皆是。黄金比例主要用于表达和谐，例如在建筑、绘画、服装等艺术设计领域。在摄影中引入黄金分割比例可以让照片更自然、舒适，更能吸引注意力。黄金分割比例同样适用于室内家居陈设及装饰品的摆放陈列。

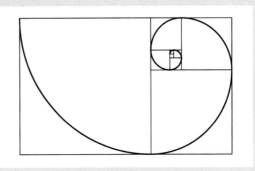

黄金分割比例概述图

家居构图比例参考（图片来源：理居设计）

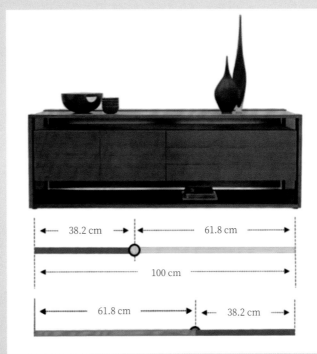

装饰品的陈设参考

6

软装布艺的搭配

布艺装饰是家居陈设中的重要元素之一，拥有丰富的视觉质感，可以通过不同材质的质感和肌理图案来打造空间的主题和格调，营造出想要的空间氛围。布艺家具还可以柔化室内硬朗的线条，赋予居室自然、典雅的浪漫气息。不同的布艺产品可以演绎出不同的空间格调，设计师需要了解并掌握不同面料的元素特点，合理搭配布艺产品，提升软装设计的专业度和高级感。

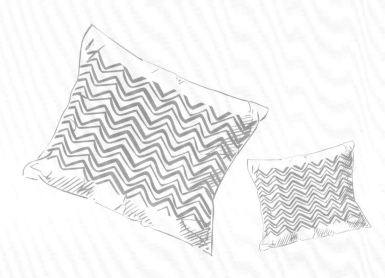

6.1 如何挑选合适的面料

6.1.1 面料的分类

在室内软装元素中，布艺包括床品类（被芯、枕头、被单等）、地毯类（地毯、挂毯、块毯）、软装小件（椅垫、坐垫、沙发套、桌旗、毛巾等）及艺术挂件（布艺制作的装饰品）等。布艺装饰不仅可以满足家居空间的功能需求，营造出柔和温馨的视觉感，还能满足审美需求，强调空间的主题思想，并体现居住者的文化品位。认识各类面料的属性、质感，才能更精准地把控并设计出符合空间气质的氛围。

布艺面料由纱线织成，纱线由细腻的纤维原料制成。纤维可分为天然纤维（棉、麻、丝、绒、毛等）和化学纤维（经过化学处理加工而制成的纤维，分为人造纤维、合成纤维和无机纤维）。由此制成的面料材质也分为天然材质和人工材质。在软装搭配中，以天然纤维和化学纤维中的合成纤维最为常用。

常用天然纤维的材质

品名	常见名称	面料工艺	优点	缺点	软装产品	适用风格	图示
棉	纯棉、长绒棉、健康棉、陆地棉、海岛棉	提花、印花、绣花、扎染等	吸湿、透气、干爽、柔软、防静电，触感舒适柔软、好打理	不抗皱，易产生褶皱	沙发面料、窗帘、床品等	现代极简、北欧、日式、混搭等风格	
麻	亚麻、黄麻、青麻、苎麻等	麻纱、剪花	清爽透气、不易褪色、不易缩水，吸湿性比棉织物好，抗蛀和抗霉菌都较好	手感较粗糙，不滑爽，易起皱	窗帘、抱枕	现代极简、北欧、日式、混搭等风格	
丝	泰丝、桑蚕丝、柞蚕丝、木薯蚕丝等	提花、绣花、烫金等	手感舒适，光泽度优，有金属的亚光质感	易皱（好于棉），易褪色，垂感一般，保养较贵	窗帘、床品、抱枕等	古典、复古、现代，常用于混搭等风格	
绒	天鹅绒、荷兰绒、法兰绒、长毛绒、意大利绒等	倒绒、植绒、压花绒、印花绒等	质地厚实，垂感好，柔软，光泽较柔和，有弹性，色彩丰富，耐磨耐用，吸声，保暖性好	易吸附灰尘，易起静电，不易清理	沙发面料、窗帘、抱枕等	时尚、轻奢，常用于现代、复古、混搭等风格	
毛	雪尼尔绒、绳绒	提花、绣花、印染、烫金等	手感柔软舒适、精密厚实、高档华贵，遮光性好，抗过敏、防静电，夏天遮阳，冬天保暖	过于厚重，清洗之后易变形	抱枕、窗帘	用于简约、复古、混搭等风格	

常用合成纤维的材质

品名	常见名称	面料工艺	优点	缺点	软装产品	适用风格	图示
涤纶	聚酯纤维	提花、绣花、印染、色染等	颜色鲜艳、手感光滑、不褪色、不走形、不褶皱	吸湿性和透气性差、摩擦容易起球	沙发面料、窗帘	通用	
腈纶	亚克力纤维、合成羊毛、拉舍尔	提花、绣花、印染、色染等	柔韧蓬松、不缩水、耐光、耐晒等	吸湿性差、易起静电、容易脏、易起球	地毯、窗帘、沙发面料	通用	
粘胶纤维	莫代尔纤维、亚光丝、粘纤、人造丝、人造棉等	提花、绣花、印染、色染等	吸湿性和透气性仅次于棉、不褪色、滑爽有质感	易褶皱、易缩水、弹性差、易起毛	沙发面料、窗帘	通用	
锦纶	尼龙、聚酰胺纤维	提花、绣花、印染、色染等	耐磨、结实、不褪色、保形性仅次于涤纶	吸湿性差、易起球	窗帘、沙发面料	通用	
氨纶	弹性纤维、莱卡	提花、绣花、印染、色染等	弹性好、伸展性好、不褪色、特有的保形性	吸湿性较差、耐热性差	沙发套、椅垫、靠垫	通用	

6.1.2　布艺的装饰纹样

布艺的花纹源于植物、动物、自然景观、几何图形等。这些花纹不仅在床品中体现，在建筑、画品、装饰品上随处可见。常见的有茛苕叶纹样、大马士革纹样、佩斯利纹样、莫里斯纹样等。

常用经典图案纹样

名称	概述	元素	图示	软装运用
中式纹样	以象征手法组成的具有一定寓意的花纹样式图案，又称吉祥纹样、吉祥图案，运用于中国传统建筑、家居装饰品中	中式回纹、祥云、梅兰竹菊、卷草纹、水波纹、花鸟图案等		用于墙纸、窗帘、抱枕、床品、地毯等
茛苕叶纹样	茛苕叶有着带刺的锯齿形叶子与美丽优雅的姿态，具有顽强的生命力，被广泛应用在装饰艺术中	茛苕叶图案		用于墙纸、窗帘等

续表

名称	概述	元素	图示	软装运用
大马士革纹样	发源于叙利亚大马士革城,当地人民喜欢从中国传入的格子布花纹,借鉴四方连续的设计图案,并制作得更加繁复,是高档、大气的欧式风格的最佳选择	大马士革图案		用于家纺花纹及墙纸,或局部背景墙,不适用于在小空间及整个空间
佩斯利纹样	诞生于古巴比伦,佩斯利纹样细腻、华贵,具有古典主义风格和时尚气息	水滴状图案		用于时尚界、家居各类纹样
莫里斯纹样	来自世界知名家具、壁纸花样和布料花纹的设计者兼画家威廉·莫里斯,色彩和谐,可时尚可复古	以花朵、树叶、果实为主,穿插鸟、鹿、狐狸等动物图案		用于家居装饰布艺、服装
朱伊纹	产自法国朱伊(Jouy)小镇的棉麻布料,在原色棉布上进行铜版或木板印染,被称赞为"在印花图案历史上熠熠闪光",风靡了整个法国宫廷	由人物、动物、植物、器物等构成的田园风光、劳动场景、神话传说、人物事件等图案		用于家居装饰和生活用品
浮世绘	表现不断变幻的浮动世界的绘画,主要以版画的形式存在	风景、美人、花鸟、历史、民间传说和动植物等图案		用于家居装饰画
希克斯角	希克斯角图案是壁纸中常用的元素,通过颜色的差异对比来打造立体的视觉观感,用有秩序的线条勾勒出时尚而现代的格调	几何图案		用于家居墙纸、窗帘、地毯等
皇家格	繁复的线条交织勾勒出贵族的优雅,与不一样的颜色相搭,带来不同风情的视觉冲击	几何图案		用于家居墙纸、窗帘、地毯等
千鸟格	千鸟格是高贵典雅的代名词,代表着复古经典	几何图案		用于各类家居纹样

6.2 如何搭配窗帘

6.2.1 窗帘基础知识

窗帘具有隐秘感和安全感，既可以遮光，满足人们对光线不同强度的需求，又可以防风、隔热、防辐射、防紫外线等，兼具美观性与实用性。窗帘的种类较多，按控制方式分为手动和电动；按透光程度可分为透光、半透光和不透光三类，透光的如素花或提花窗纱，半透光的有各种纱罗布、涤棉布、涤纶布，不透光的有棉布、天鹅绒等，各具特色。

常见的布艺窗帘按照款式可分为平开帘、罗马帘、奥地利帘等；按照安装形式分为窗帘杆、轨道、窗帘盒三种。布艺窗帘由帘体、辅料、配件三大部分组成。帘体包括窗幔、窗身和窗纱，窗幔一般用与窗身相同的面料制作。窗帘辅料由窗帘轨道、挂环、铅线、绑带、扎球、花边等组成。

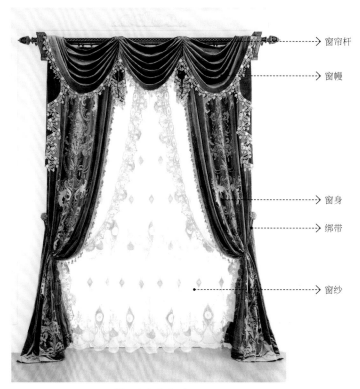

→ 窗帘杆
→ 窗幔
→ 窗身
→ 绑带
→ 窗纱

常用窗帘的造型

常用成品窗帘的款式

类别	概述	特点	适用空间	图示	遮光率
百叶帘	按材质可分为铝合金百叶帘、木质百叶帘、竹质百叶帘、朗丝（纳米面料）百叶帘	遮光效果好、透气性强、耐用、可选颜色较多、易清洗、不易褪色、不易老化、遮阳、隔热、经济实惠	起居室、办公室、浴室、健身房、图书馆等		一般透光窗帘布的百叶窗遮光率在40%～75%，而实木百叶帘在完全闭合的状态下，遮光率最高，可达95%左右
蜂巢帘	又称风琴帘，灵感来源于自然界的建筑奇观——蜂巢的设计，蜂巢帘分为半遮光和全遮光蜂巢帘	帘布以无纺布材质为主，表面平整，具有防尘、防紫外线、防潮的优点，面料褶印经热轧永久定型，不易变形	卧室、书房、办公室、小阁楼、阳光房等		半遮光蜂巢帘约有50%遮光率；全遮光蜂巢帘有90%遮光率
香格里拉帘	一般分为净色透景香格里拉帘（透光、透景）、仿麻透景香格里拉帘（透光、透景）、全遮光香格里拉帘（不透光、不透景）等	综合了电动窗帘、窗纱、百叶帘、卷帘的设计优点，最大特点是柔和光线，通过调整叶片进行调光，从而呈现温柔的美感	别墅、写字楼、酒店、咖啡厅、西餐厅等，适合对遮光率要求不高的空间		一般遮光率为50%～60%，透光不透影
卷轴帘	帘布经树脂加工，卷成滚筒状，采用拉绳或拉链子进行上升下降的方式遮光；窗饰整体显得干净利落，房间看上去简约宽敞	简洁大方、花色多，使用方便，防水性强、结构坚固耐用；放下时，有效避免阳光直射，室内光线显得柔和；升起时，体积较小，节省空间	商务办公楼、办公室、酒店、餐厅、书房、浴室等		半遮光卷轴帘一般遮光率在30%～50%，全遮光卷轴帘的遮光率为70%～100%
斑马帘、柔纱帘	属于卷帘的升级款，拉起来以后上下会有错位空间，私密性较差	既能透光，又能遮光，柔软、透气，不占用空间，即使受到强光的照射，也不容易变形变色，经久耐用	办公室，酒店，咖啡厅、家居空间等		全遮光斑马帘采用全遮光面料，可以达到100%的遮光效果
梦幻帘	兼具装饰和半遮光的成品窗帘，既具有布艺窗帘的遮光性，又兼有纱帘的透视感，同时还融合了百叶帘的调光功能，功能全面且时尚	布与纱的结合，柔化光线；不占空间，容易清洗，防水、防潮、防污性能好，稳定性和柔韧性好，不易变形，十分耐用；操作安静，无噪声；遮光和采光可随意调节	家居空间中的客厅或阳台，及各类工装空间		分全遮光和半遮光，半遮光梦幻帘的遮光度可达到70%左右

常用布艺窗帘的款式

类别	概述	特点	图示	适用空间
平开帘	软装中常用的一种款式，左右各一帘，可全部拉开，顶部多用穿孔帘头或褶皱挂环，两端设滑轮，有电动帘、手动帘两种	层次丰富，能更好地修饰窗户，具有对称的美感		任何风格的室内空间中，多用于面积适中与较大的窗户
罗马帘	一种常见款式，按形状可分为折叠式、扇形式、波浪式等，按款式可分为柔式、板式、澳式水波纹等，按开关方式可分为手动、半自动、电动	自然清新，简约典雅，装饰效果好，层次感丰富，有遮阳、隔热、防尘、透风的优点		酒店、宴会厅、咖啡厅、豪华居室等，特别适合装有大面积玻璃的观景房
奥地利帘	又称公主帘，由纱幔制作而成，具有很强的少女气质，有抽褶式、加平幔式、底边加荷叶边式、流苏式等	浪漫、随性，造型多变，因曲线的美感，可以轻松营造出优雅温馨的室内氛围，成为现代家居中比较流行的新式窗帘，深受女主人的喜爱		别墅、酒店、橱窗、女性室内空间、展厅等

木质百叶帘拥有天然的质感，给人回归自然的宁静感觉（图片来源：理居设计）

使用梦幻帘能打造出明暗交替的柔和光影效果，诠释浪漫优雅的空间氛围（图片来源：菲拉设计）

平开帘的层次感丰富，装饰效果好（图片来源：素造软装）

纱帘占用面积小，能够增加空间的通透感，简单轻柔（图片来源：七巧天工设计）

6.2.2　窗帘的搭配技巧

1. 窗帘材质与空间风格相协调

现代风格的空间选择纯色棉麻类材质的窗帘，可以营造出简洁大方的空间氛围。新中式风格的空间首选棉、麻、雪尼尔、高精密类型的面料，颜色以中性色调为主，也可以选择与空间的色调形成鲜明对比的颜色，明黄色和靛蓝色都是不错的选择，国风元素或中式的暗花纹样能够让空间的层次更加丰富。复古风格的空间非常注重窗帘的质感，可选择绒布材质，浓烈的酒红色、墨绿色、紫色等色彩华贵艳丽，能体现庄重的气质。

客厅窗帘颜色与装饰画、沙发同色系，温暖惬意（图片来源：合肥行一设计）

沙发、墙面、窗帘选择同色系的深浅搭配，可体现空间的层次感（图片来源：素造软装）

酒红色的窗帘与复古的墨绿色搭配，具有撞色的冲击感觉（图片来源：云深空间）

2. 窗帘颜色与空间装饰颜色相呼应

在选择窗帘时，应确保其与空间的整体风格协调统一，色调与空间的主色调相同或者相近。窗帘的颜色可与背景墙、家具、地毯、抱枕、装饰画的颜色相呼应，灰色、杏色的窗帘适合大部分的家居空间。采光不够好的空间，尽量选择浅色系窗帘，放大空间感；采光良好的空间适合任何颜色。也可以将窗帘做成拼布形式，拼布颜色与空间装饰颜色相呼应，整体的装饰感更强。

窗帘采用空间的点缀色，协调且亮丽（图片来源：素造软装）

卧室窗帘采用低饱和度的蓝色，与墙面互为邻近色，自然舒适（图片来源：宏福樘设计）

提取空间的主色调作为拼色窗帘的颜色，并在抱枕、摆件的颜色上做跳色呼应，增加客厅的艺术氛围（图片来源：美纵室内设计）

3. 窗帘与空间的大小、功能相关联

　　窗帘的颜色搭配要考虑空间的大小和功能,不同的空间要搭配不同颜色的窗帘。面积比较小、空间局促的房间,宜选用浅色系的窗帘,在视觉上扩大空间感;面积大且宽敞的房间,可以用深颜色的窗帘,使空间具有包裹感和安全感。客厅的窗帘应选择高雅大方的颜色;卧室的窗帘则选用色彩素雅的、遮光性强的布料,满足居住者的心理需求。

复古墨绿色的窗帘遮光性强,能营造良好的睡眠环境(图片来源:理居设计)

窗帘颜色比墙面颜色稍深,布料的暗纹也体现了居住者对细节的关注和对美的追求(图片来源:艺烁软装)

梦幻帘使照射进来的光线变得柔和,视觉上拉长了室内的纵向高度,使空间显大(图片来源:宏福樘设计)

6.3 如何搭配地毯

6.3.1 地毯的材质

地毯具有降噪、吸声、保温、防凉、划分功能区域的作用，具有极强的装饰效果，能够瞬间营造家居空间的氛围。

地毯按形态来划分，可分为满铺地毯、拼块地毯和成品地毯；按材质来划分，可分为天然材质地毯、合成纤维地毯、混纺地毯、塑料地毯等。

常用地毯的分类

类别	品名	原料	优点	缺点	图示
天然材质地毯	羊毛地毯	羊毛地毯是以羊毛为原料编织而成的地毯	柔软、厚实、保温、吸声、降噪、抗静电	耐潮性差，不易保养，易虫蛀	
	牛皮地毯	牛皮地毯是用整张牛皮制作而成的，每张地毯的花色都是独一无二的	装饰性较强、降噪、吸声	较薄，脚感不太舒适，不易保养	
	黄麻地毯	黄麻地毯的原材料是从龙舌兰植物中抽取的，有的也混合了草料	不易起球和掉毛、耐磨性好、不霉不蛀、吸湿且调温	不易清理，不可水洗	
	纯棉地毯	纯棉地毯的原材料是棉纤维	吸水性强、抗静电、耐磨性好、脚感舒适	易滋生细菌，易褶皱	
合成纤维地毯		以涤纶、腈纶、锦纶等合成纤维为原料，加工成纤维面层，再与麻布底缝合成地毯	抗污性能好、不易虫蛀或发霉、耐磨性好	易产生静电、易吸灰尘、保温性一般	
混纺地毯		由羊毛或棉与各种合成纤维混织而成，羊毛含量为20%~80%	抗污性能好、不易虫蛀或发霉、耐磨性好	易产生静电、易吸灰尘、保温性一般	
塑料地毯		又叫橡胶地毯，采用聚氯乙烯树脂、增塑剂等多种辅助材料，经均匀混炼、塑制而成	色彩鲜艳、不易燃、耐腐蚀、耐湿、耐虫蛀、可根据面积任意拼接	质地薄、手感硬、容易受气温影响、易老化	

混纺地毯的抗污性能好、耐磨性佳（图片来源：合肥行一设计）

温润的色调，能更加贴近自然、感受自然（图片来源：七巧天工设计）

牛皮地毯因其紧密透气的结构，有良好的隔声效果，适合书房及休息空间（图片来源：桐里空间）

6.3.2 地毯的常用尺寸

客厅地毯常用尺寸有：1.4 m×2 m、1.6 m×2.3 m、2 m×3 m。

餐厅地毯常用尺寸有：1.6 m×2.3 m、2 m×3 m，圆形地毯直径为1.2 m。

卧室地毯常用尺寸有：0.7 m×1.4 m、0.8 m×1.5 m（适合床边）、1.6 m×2.3 m、2 m×3 m。

书房圆形地毯常用尺寸有：直径为1.2 m、直径为1.6 m（适合阅读角）。

儿童房圆形地毯常用尺寸有：直径为2 m。

除此之外，不规则形状的块状地毯也广泛运用在各类空间中，形态选择上有更多的趣味性和时尚感，可以让整个空间具备视觉上的延伸感。

使用"3+2+1"沙发的客厅适宜摆放宽2 m、长3 m的地毯

小双人沙发搭配圆形地毯，让空间显得轻盈、有趣（图片来源：七巧天工设计）

圆形地毯用在卧室的休闲区域，划分出静谧的悠闲角落（图片来源：合肥行一设计）

6.3.3　地毯的搭配技巧

　　地毯不仅可以提升室内空间的舒适度，其色彩、图案、质感在不同程度上还影响着空间的装饰风格。在做软装搭配时，需要根据空间整体的装饰效果，结合环境氛围、色彩比例、家具形态、灯具款式、软装饰品等方面，合理搭配地毯，使整个空间的设计更加连贯。

　　地毯的布置可参照家具的摆放形式，先确认好家具的摆放位置，再以家具摆放区域的中心线为准，确定地毯的合理尺寸，或根据客户的需求定制一块地毯。相比大房间，小房间的地毯宜选择浅色系的，会让空间显得更大一些，同时要更加注意整体色调和地毯图案的协调统一。圆形地毯给人温和、放松的感觉，适合布置在休闲区域，或者当空间有圆形家具、灯具、挂镜的时候，可以搭配一条好看的圆形地毯，与之呼应，形成一种融合感。

1. 地毯的颜色与空间的其他软装单品相协调

地毯的底色应与家具和其他软装单品的色调相协调,不宜反差过大。例如,米白色的长绒地毯与同色系的沙发、茶几、落地灯搭配,呈现出宁静纯粹的氛围。家具或软装单品的颜色较丰富时,可以选择米白色、杏色的地毯来平衡空间色彩。在整体颜色偏浅的空间里选择深色的地毯,能够提升空间的沉稳感。如果家具与地面的色彩反差比较大,那么可选择两者之间的过渡色作为地毯的颜色。

地毯颜色与沙发颜色为同色系,清新自然(图片来源:理居设计)

地毯的颜色、质感与空间的风格基调类似,和谐温馨(图片来源:合肥行一设计)

地毯的颜色与空间中其他软装饰品的颜色协调呼应

2. 让地毯成为空间的视觉中心

参照空间中的主要颜色，将地毯的颜色作为点缀色，在保证色彩统一的前提下，确定地毯的图案和样式，这种搭配方式既简单又实用。在家具较为素雅的情况下，选择撞色搭配的地毯会形成惊艳的效果，营造空间的视觉中心，增添戏剧化的氛围感受。

让地毯成为空间的视觉中心

经典的黑白色几何图案地毯，突出而不突兀，有视觉冲击力，与空间设计相呼应，让客厅充满精致的气息（图片来源：宏福樘设计）

3. 灰色、大地色系的地毯百搭且耐看，适合大部分家居空间

纯色地毯能营造出纯朴、淡雅的视觉感受，灰色与大地色系在软装设计中非常流行，适用于现代简约的空间。当空间整体色调偏暖时，用冷灰色地毯可带来相对安静的环境。当空间整体色调偏冷时，可选择偏暖色调的大地色系地毯，这样会使原本深沉的空间显得温馨，同时还能够在视觉上增大空间。卧室更适合温馨的中性色彩，营造舒适的睡眠环境，相反，使用复杂图案或色彩强烈的地毯很容易让心情浮躁、激动，从而影响睡眠质量。

地毯作为空间中颜色的过渡，协调家具与地面的颜色深浅层次（图片来源：艺烁空间）

暖色调地毯为简约的灰白空间增添了温馨与优雅（图片来源：七巧天工设计）

大地色系的地毯和地面、餐桌椅的颜色统一，在黑白灰的空间里彰显低调与极简（图片来源：菲拉设计）

专栏4

常用的抱枕搭配

　　卧室床上的枕头一般分为睡眠枕和装饰枕。常用的睡眠枕是羽绒枕和荞麦枕，前者偏软，后者偏硬，可以根据自己的需求来选择，尺寸多为 50 cm×70 cm。装饰枕的种类和尺寸多种多样，常用的欧式抱枕尺寸是 70 cm×70 cm，长方形腰枕、颈枕的尺寸是 30 cm×50 cm，散置式抱枕的尺寸为 45 cm×45 cm 和 40 cm×60 cm。将睡眠枕和装饰枕进行大小、颜色搭配，堆叠摆放，如下图，可使床上空间显得饱满且有律动感，轻松营造出舒适放松的卧室氛围。

 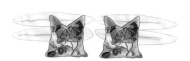

睡眠枕 + 散置式抱枕

欧式抱枕 + 睡眠枕 + 散置式抱枕

欧式抱枕 + 睡眠枕 + 长方形腰枕、颈枕 + 散置式抱枕

7

室内空间花艺绿植搭配

家的生活美学，当然少不了花草的点缀。在家的角落，布置一些喜爱的花卉植物，不仅能够营造出绿意空间，带来自然气息，还能让居住者身心愉悦，静谧感油然而生。用花艺绿植装饰家居空间时，首先要了解花卉植物的养护方法，做到了这一点，就成功了一半。然后要多考虑花艺与空间的风格、色彩之间的关系。最后，花器的材质、颜色、造型的选择同样体现着软装的细节。

7.1 花艺绿植基础知识

7.1.1 花艺的基础知识

花艺与绿植是室内软装设计中的关键部分。花艺是指经过设计师的构思设计而创作出来的花草植物艺术品，包含了雕塑、绘画等造型艺术的一些基本特征。花艺与绿植搭配，也是家居整体风格的一部分，带有空间的灵动性，且具有生命力。

室内空间的花艺讲究的是在比例、色彩、风格、质感上，与所处的环境氛围相协调，能够给空间带来点睛之笔。在室内空间中，比较常出现在餐桌、茶几、墙角、吊顶等处。西方花艺受到现代艺术潮流的影响，表现出百花齐放的局面；东方花艺大多是运用简约的线条造型、不对称的构图，以花写意。

花材的种类与常见代表

花材种类	简介	作用	图示	常见代表
块状花材	整体花材的使用形态以块状为主	块状花材大多作为主副花材使用，在搭建和填充作品框架时用得比较多		玫瑰、牡丹、康乃馨、绣球、芍药等
线状花材	线状花材的使用形态以线条状为主	花材有明显的律动感和方向性，常作为主副花材，用于搭建作品的框架和扩大作品的空间感		兰花、尤加利、鼠尾草、大熊草等
面状花材	面状花材的使用形态以面状为主	面状花材大多作为主副花材，用来填充框架内的面积		小丽花、向日葵、非洲菊等
雾状花材	常以细丝状、薄片状或羽毛状的形态展现，花材轻盈，花瓣或叶片往往是薄而透明的	常用于填充块、线、面之间的空间，调和主副花材之间的关系，起到补花材的作用		满天星、勿忘我、白子莲、情人草等
异形花材	形状特殊的有个性的花材，辨识度高，常常是作品中最耀眼的花材	常作为主花使用，大多数的异形花材价格也会高一点		天堂鸟、红掌、珈蓝、百合等

简单易学会的八大插花造型

造型	简介	图示	适合花材	适合场所
半球形	形状是球形的一部分，为了更好地视觉效果，常做成球形的 2/3，不仅立体感更强，还让作品看起来更丰富；视觉焦点一般位于花艺的正上方或侧面，具体位置主要取决于作品的应用场景，总体来说，焦点的位置一定是观者容易看到的地方		康乃馨、玫瑰、针垫花等	酒店、婚宴，适合放置在宴会桌上，也可作为花束、新娘手捧花
球形	插满花的球形象征着圆满和美好，是婚礼场景中用得最多的造型，用球形的花泥插制球形花艺会非常容易，球形的变化设计则以球形为基础展开组合设计		玫瑰、洋桔梗等	各类空间，主要应用于婚礼场景
扇形	因形似扇子而得名，有很强的装饰效果，多运用在商业花艺设计领域		鼠尾草、落新妇、兰香草、康乃馨、玫瑰等	宴会厅、开业庆典、开幕式以及其他正式的场合
三角形	三角形是主流的构图形式之一，需运用大量的技巧和最少量的花完成整个作品，三角形及其变化是应用面最广的造型		玫瑰、红掌、针垫花、飞燕草、康乃馨、圆头花葱等	酒店、婚礼场景、样板间等空间
水平形	水平造型的重点是向左右延伸，很容易打造出繁华的视觉效果；一般水平形的宽度会大于厚度，向两边延伸，不然很容易形成圆形；作为桌花时，高度一般不超过 30 cm，以不遮挡两侧人员的视线、不影响彼此的对话为准则		以线形花材为主	会议、婚礼等场合的桌花设计，以及商业场景

造型	简介	图示	适合花材	适合场所
S形	因其造型与英文字母S相似而得名，是西方插花的一种形式，以弯曲及下垂的花枝为主要植物素材，优雅而又风情万种，是表现曲线的线条美和上下流动的动感美的一种造型		荷兰马蹄莲、玫瑰、尤加利叶、洋桔梗	法式、自然主义等风格的空间，及酒店、宴会厅等场所
新月形	又称圆弧形或弯月形，是由自然现象的"弯月"形状构思出来的造型，插花整体形状像一轮弯弯的月牙儿，表现出曲线美和流动感，新月形的月弯要用线条明显的枝叶插制，走势优雅，线条流畅		美丽针葵、非洲菊、康乃馨、黄英等	各类空间
瀑布形	华丽大气，是众多造型中难度比较高的一种，重点是要做出作品的流畅感、通透感、垂坠感、层次感，瀑布形因其柔美的风格获得很多人的喜爱		垂柳、南蛇藤	各类空间

7.1.2　室内花艺搭配法则

　　家居空间的花艺设计首先要考虑整体的空间氛围，如中式风格、法式风格、现代风格和自然风格的空间。其次，在花艺造型、花器的选择上可采用与空间的整体基调融合或对比的方法。再次，花艺颜色上可选择空间色彩的顺色或补色。然后，在花材的气质上赋予情感与寓意，体现出花艺造型的质感。最后，需要整体把控，以成品的形式完成一个空间的花艺作品。

1. 花艺造型与空间风格相结合

　　花艺造型要与空间风格相似，根据空间的大小以及风格来进行花艺大小高度的搭配，与周围的家具、装饰品相协调，产生高低错落、疏密美感。在偏中式风格的空间里选择简单的枝叶插花；在西式风格的空间里，多摆放几何造型且色彩丰富的花艺。花艺作品既能体现出居住者的个性品位，又能对营造空间氛围起到点睛之笔的作用。

法式风格花艺搭配注重随性优雅、轻松自然，如自然生长的花丛一样（图片来源：宏福樘设计）

拥有自然线条的植物，如雪柳，能营造出清新自然的氛围（图片来源：理居设计）

在极简黑白灰风格中，简约的蕨类植物为室内带来灵动感（图片来源：习本设计）

2. 花艺花器与空间色调相融合

　　花艺的装饰效果也取决于花器的选择。大多数空间都适合摆放玻璃、陶土或者黑白灰色调的花器，偏日式风格的空间可以摆放藤编或麻绳缠绕的花器。

花器的质感、颜色与空间的整体基调协调统一（图片来源：菲拉设计）

吧台处的花瓶与空间的材质、颜色相呼应，花艺色调淡雅（图片来源：宏福樫设计）

3. 花艺色彩与空间色调为邻近色或互补色

花艺色彩搭配要与室内的色彩相呼应或者突出。空间的色彩都是有主次之分的，用色彩鲜艳、造型独特的花艺作品来吸引人的视线，突出中心位置。若室内空间比较暗、光线不足，可以用色彩显眼的花艺来提亮；色彩比较单一、明亮的房间可以放淡雅的花艺来中和空间的单调感。

餐桌上淡紫色花艺与红橙色装饰画互为邻近色，在整体的活跃氛围中添加一丝宁静与优雅（图片来源：宏福樘设计）

玄关柜上的暖色调花艺与暗色调家具及绿色毛毯，冷暖调互补，体现平衡之美（图片来源：宏福樘设计）

暗红色餐桌上摆放着紫红色的花艺，互为邻近色的搭配，复古中不失浪漫的氛围（图片来源：理居设计）

面状花材搭配椭圆形花器，与空间的圆弧形家具、灯具相协调，显得趣味十足（图片来源：宏福樘设计）

7.2 花艺与绿植搭配实操

7.2.1 不同空间的花艺布置方法

家居空间花艺布置方法

摆放空间	布置方法	适合花材	注意点
玄关	玄关光线较弱，适宜选择耐阴的植物或仿真花、干枝，也可选择好养活的植物	仙人掌、仙人球或蕨类	窄小的玄关，花型不要过大，多用颜色简洁明快的花材，少用一些气味较浓烈的花材或盆栽绿植
客厅	客厅空间开阔，作为会客空间，适宜选择气质饱满的花卉，会显得主人热情好客、热爱生活，可采用多种花材组合陈列	不限	以暖色调或绿色植物为主，需要与空间的软装色彩相协调，同时注意花器与空间的关系
餐厅	餐厅是家人或与朋友就餐的区域，花艺整体造型保持干净、清爽，花艺比例主要看空间的大小，桌子的长、宽、高，餐桌上是否有其他的装饰品，都是选择花艺的参考	不限	不宜选择气味较浓烈的花材，颜色以暖色调或绿色花材为主，以促进食欲，花型大小的选择以不遮挡对坐人的视线为原则
卧室	卧室是休息放松的地方，适合选择味道清新又具有装饰性的花艺，以单色花材为主	不限	卧室中绿植的植株不宜过大，花卉的气味不宜太浓烈，数量也不宜过多
书房	书房应选择单纯简洁的色彩，摆在空间一角，作为点缀即可，并且大多以盆栽的方式出现，比较低矮的一组或者两组	盆栽植物	书房空间的花卉绿植的气味不宜过分浓烈，过于抢眼会分散注意力，数量不宜过多
卫浴空间	卫生间湿度相对较高，适宜选择耐阴、耐水湿的植物，受湿气滋润，易养活，用绿色观叶植物点缀环境，让人心情愉悦	蕨类、绿箩、常春藤等	卫浴空间的花卉或仿真绿植的气味不宜过分浓烈，根据空间风格来选择仿真花卉或者绿植
厨房	厨房作为烹饪区域，空气较浑浊，适宜选择能净化空气的植物，也可选择用水果或者蔬菜等食材来进行搭配，颜色上要遵循少即是多，适宜体积不大且生命力顽强的植物	绿箩、芦荟、吊兰等	厨房空间不宜选择气味浓烈、花粉多的花卉，花粉容易飘散入食物中

黄色郁金香为客厅带来一分浪漫和温柔（图片来源：宏福榗设计）

厨房角落摆放着一盆绿植，简单自然（图片来源：七巧天工设计）

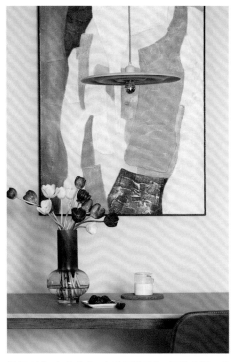

在玄关角落打造一个绿植角（图片来源：宏福榗设计）

休闲区域用红色装点，打造视觉重点（图片来源：理居设计）

用马醉木为室内增添满满的自然韵味（图片来源：习本设计）

在书房中可以添置小绿植或是垂吊的植物（图片来源：习本设计）

金山棕细而匀称，四季常绿，有着较为浓烈的热带岛屿风情，放置在书房中清新优雅（图片来源：理居设计）

7.2.2　常用的绿植搭配及养护方法

在家居中布置绿植有太多好处，绿植不仅能改善空气质量，还能增加空气湿度、改善人的情绪，有助于身体健康。绿植可以将室内与室外巧妙地融合在一起，还能增加空间的广度，让室内变得温暖且充满生命力，将房子变成真正令人愉悦的空间。

在家中合适的位置摆放一株绿植，可以瞬间提升空间的质感和氛围，选择绿植取决于个人喜好及家中的光照条件和空间大小，还需要考虑最适合的形状。

用绿植打造家居风格时，选对花盆非常重要，合适的花盆可以更好地满足植物的生长需求，也可以为室内空间加分，体现个人品位。选择花盆应考虑植物本身生长需求及空间的整体风格。

室内常见绿植及养护方法

植物	介绍	图示	室内养护方法
橡皮树	热带植物，适宜的生长温度是白天 18～27℃，夜间不低于 15℃，有着热带植物特有的厚叶子，而且还有着变化多端的叶色，橡皮树在适合的环境中，最高可达到 7 m		在室内长到一定高度时要进行修剪，最佳的光照条件是放在明亮的窗户旁边，早晨可以接受阳光直射，全天有 6～8 小时的光照，浇水要缓慢，保证土壤均匀吸收，直到排水孔有水渗出时为止，再倒掉托盘里多余的水
琴叶榕	最具挑战的植物之一，只要选对花盆，掌握好养护技巧，就可以在养护中立于不败之地，喜欢温暖的环境，适宜的生长温度是白天 18～27℃，夜间不低于 15℃		最好放置在非直射光下，一般来说，非直射光越充足，植物的长势越好；土壤上层 5 cm 表土干透时浇水，每次要浇透水，通过排水孔判断浇水量，开始渗出时停止浇水；每两个月调整一次朝向，靠近窗户一侧的琴叶榕更容易长出新叶，要兼顾每个朝向的枝条
龟背竹	生长在温暖气候下的热带植物，打造适合的室内环境，有助于达到最佳长势。适宜的生长温度是白天 18～24℃，夜间不低于 15℃		最佳的光照条件是放在明亮的窗户旁边，早晨可以接受阳光直射，全天有 6～8 小时的光照，当盆内土壤上层 5 cm 表土变干时再浇水，浇水要缓慢，保证土壤均匀地吸收
鹤望兰	热带植物，喜高温，被称为"天堂鸟"，因为这种阔叶植物有着像鸟儿一样美丽的花朵，适宜的生长温度是白天 18～24℃，夜间不低于 13℃		最佳的光照条件是放在明亮的窗户旁边，早晨可以接受阳光直射，全天有 6～8 小时的光照即可

鸭脚木株型优美，一年四季都可以放在阳台上养护
（图片来源：合肥壹研设计）

千年木是一种喜阴的植物，适合放在室内养护，是
个"凹造型"的小能手（图片来源：云深空间）

在阳台摆放龟背竹，龟背竹叶片形状奇特，叶色浓绿
且富有光泽感，自然质朴（图片来源：习本设计）

大叶伞和琴叶榕为一组高低搭配，瞬间打造了视觉
的焦点（图片来源：七巧天工设计）

婀娜的雪柳用在现代空间里，营造一分跳跃感（图片来源：合肥行一设计）

铁树形态古朴，叶片油绿可爱，适合作为小边几的绿植（图片来源：七巧天工设计）

专栏 5

插花花型的注意要点

要点 1　花枝的位置要高低错落、前后错开，不要插在同一水平线上，否则会显得呆板、无趣，没有艺术感。

要点 2　花和叶子要疏密有致，不要等距离排列。

要点 3　虚实结合，花为实，叶为虚，插花作品要有花有叶。

要点 4　遵循上轻下重、上散下聚的原则，及浅色在上、深色在下的原则。

要点 5　在插花时应考虑花材的高度和比例，较高的花材通常用于营造整体的层次感，而较矮的花材则用于填补空隙。

要点 6　选对花器有事半功倍的视觉效果，要在考虑空间局部配色及家装整体风格的基础上选择合适的花瓶，也可以尝试将不同质地、尺寸的花瓶做叠搭，制造层次感。

郁金香与花器的搭配，贴合空间的主题（图片来源：理居设计）

附录

软装设计服务内容表

序号	内容	完成进度	备注
1	沟通、提炼客户需求		
2	对建筑结构内外环境进行分析		
3	收集项目周边文化、风俗等元素		
4	赋予空间独特的文化内涵		
5	注入设计创意思路		
6	工地勘察及量房		
7	绘制软装区域平面图与彩色平面图		
8	绘制软装产品分布图与生活动线优化图		
9	软装产品尺寸与风格把控		
10	绘制灯具、柜体、硬包等固定安装产品的点位图		
11	优化软装搭配及价格配比		
12	协调硬装与软装，达到最佳效果		
13	沟通细节并协助制定软装主题与色调		
14	提出可落地实施的软装设计方案		
15	提出详细的软装产品清单及预算报价		
16	定制家具、灯具产品的图纸与色板布样挑选与确认		
17	窗帘、墙布、地毯、布艺布样挑选与确认		
18	项目进度把控		
19	软装进场时现场效果把控		

客户信息收集

1. 基础信息

客户姓名		联系方式		楼盘名称		房屋户型	
建筑面积		装修状况		楼盘地址			
交房时间		预计入住时间		预计方案沟通时间		常住人口	
过往装修次数		过往家具风格		合作/了解过的公司			
过往软装印象深刻的事情							

问题1：您的住宅使用倾向是什么？

☐提升生活品质　☐度假　☐养老　☐投资　☐婚房　☐其他＿＿＿＿＿＿

问题2：请用几个词来表达您的梦想之家

☐奢华　☐时尚　☐文艺　☐温馨舒适　☐轻松浪漫　☐乡村质朴　☐异国风情　☐怀旧　☐禅意　☐雅致
☐其他＿＿＿＿＿＿

问题3：您家居住成员的爱好情况

爱好	有/无	爱好	有/无	爱好	有/无	爱好	有/无
阅读		旅游		香水		户外运动	
书画		收藏		购物		护肤美容	
品茶		舞蹈		手工		烹饪美食	
咖啡		瑜伽		戏剧		其他	
雪茄		园艺		电影			
健身		宠物		音乐			
摄影		棋牌		高尔夫			

2. 风格定位及材质定位

问题1：您想用哪种风格来装饰新房？

☐现代简约　☐现代奢华　☐传统中式　☐欧式古典　☐古典奢华　☐新中式　☐美式　☐英式田园　☐北欧

问题 2：您想用哪些软装造型、材质来装饰新房？

造型：□直线　□曲线　□纤细　□厚重

皮革：□亚光　□高光

布艺：□丝　□棉　□绒　□麻

材料：□藤　□竹　□开放漆饰画　□封闭漆饰面

金属：□铜质　□铁艺　□不锈钢　□铝合金

其他：□玻璃　□水晶　□亚克力　□石材　□其他 _____

饰品：□瓷器　□玉器　□玻璃制品　□水晶制品　□木制品　□不锈钢制品　□金属制品　□树脂制品　□收藏品
□古玩　□其他 _____

画品：□风景　□静物　□人物　□抽象　□禅意　□其他 _____

问题 3：您想用哪些色系来装饰新房？

色系：□深冷　□浅冷　□深暖　□浅暖

色彩：□灰色系　□绿色系　□蓝色系　□紫色系　□橙色系　□粉色系　□红色系　□黄色系　□棕色系
□其他 _____

对比：□柔和　□点缀　□强烈

3. 空间功能需求定向

玄关空间

问题：玄关柜的功能需求是什么？

□装饰柜　□鞋柜　□储物　□其他 _____

客厅空间

主要功能：□商务洽谈　□家人交流　□看电视　□收藏展示　□其他 _____

其他功能：□阅读　□品茶　□听音乐　□用餐　□观影　□游戏　□其他 _____

问题 1：您在沙发上的坐姿一般是怎样的？

□躺坐　□侧坐/正坐　□蜷缩

问题 2：茶几是否要求有储物功能？

□是　□否

问题 3：边几是否要求有储物功能？

□是　□否

餐厨空间

问题 1：您和家人的用餐习惯是怎样的？

□经常在家用餐　　□偶尔在家用餐　　□几乎不在家用餐

问题 2：您和家人用餐的主题都有哪些？

□日常三餐　　□家族聚餐　　□商务会餐　　□烛光晚餐　　□其他 _____

问题 3：是否需要延伸式餐桌？

□需要　　□不需要

问题 4：平均用餐时长是多久？

_____

问题 5：您对餐椅材质的要求是什么？

□纯木　　□布艺　　□皮制　　□皮制、布艺结合　　□金属　　□其他 _____

卧室空间

问题 1：请填写大致物品储存数量：

大衣（_____件）裤子（_____条）男鞋（_____双）女鞋（_____双）行李箱（_____个）

鞋子尺码：_____

其他物品及数量：_____

问题 2：您和家人对床的材质有什么要求？

□皮软包　　□布软包　　□纯木　　□其他 _____

问题 3：您和家人的睡眠习惯是怎样的？

□侧睡　　□卧睡

书房空间

功能：□办公　□写作　□阅读　□辅导孩子　□偶尔会客　□游戏　□其他 _____

现有设施：□打印机　□扫描仪　□台式电脑 _____ 台　□笔记本电脑 _____ 台　□大量书籍　□收藏展示柜

□其他 _____

问题 1：您平时是否会在书房休息？

□会　□不会

问题 2：您平均每天在书房的时间有多久？

_____

人文空间

问题：新房中需要哪些休闲娱乐空间？

□冥想　□品茶　□棋牌　□练琴　□绘画　□瑜伽　□运动　□其他 _____

4. 设备系统需求定向

问题 1：新房中需要哪些设备系统？

□中央空调　□新风系统　□地暖　□中央水处理　□中央除尘　□电梯　□光伏发电　□SPA　□淋浴房　□酒窖
□其他 _____

问题 2：新房中若需要全宅智能家居系统，则需要哪些？

□智能灯光　□电动窗帘　□背景音乐　□可视对讲　□弱电机柜　□监控系统　□报警系统　□智能门锁　□红外安
防　□影音系统　□网络安全　□全屋网络覆盖　□整体场景模式　□其他 _____

5. 其他需求定向

问题 1：您的家中有无庭院？

□有　□无　若有，则要具备哪些功能及设施　□花草养殖　□果园　□凉亭　□池塘　□小桥　□烧烤
□其他 _____

问题 2：您的家中有无宠物？

□有　□无　若有，请说明 _____

问题 3：您有无家具或其他物品需从老房搬至新房？

□有　□无　若有，请说明 _____

6. 价格需求定向

问题：您的软装造价预算是多少？

预算总价 _____ 万元

致谢（排名不分前后）

薄荷设计

MINT DESIGN

理居设计

Liju

七巧天工设计

合肥行一设计

行
一

菲拉设计

习本设计

宏福橙设计

云深空间

桐里空间

艺烁空间

素造软装

合肥壹研设计

美纵室内设计

无极设计